U0536835

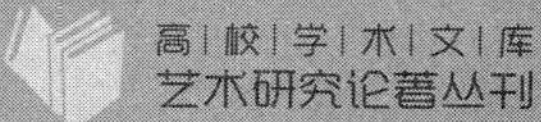

室内设计风格样式与专题实践

周延 著

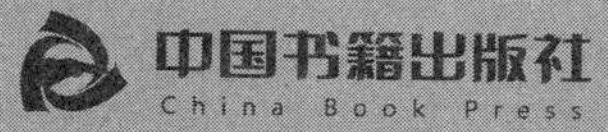

图书在版编目 (CIP) 数据

室内设计风格样式与专题实践 / 周延著 . — 北京：
中国书籍出版社，2017.1
ISBN 978-7-5068-6018-5

Ⅰ . ①室… Ⅱ . ①周… Ⅲ . ①室内装饰设计 – 研究
Ⅳ . ① TU238.2

中国版本图书馆 CIP 数据核字（2017）第 009810 号

室内设计风格样式与专题实践

周　延　著

丛书策划　谭　鹏　武　斌
责任编辑　成晓春　张　娟
责任印制　孙马飞　马　芝
封面设计　崔　蕾
出版发行　中国书籍出版社
地　　址　北京市丰台区三路居路 97 号（邮编：100073）
电　　话　（010）52257143（总编室）（010）52257140（发行部）
电子邮箱　chinabp@vip.sina.com
经　　销　全国新华书店
印　　刷　三河市铭浩彩色印装有限公司
开　　本　710 毫米 ×1000 毫米　1/16
印　　张　16.5
字　　数　325 千字
版　　次　2018 年 5 月第 1 版　2018 年 5 月第 1 次印刷
书　　号　ISBN 978-7-5068-6018-5
定　　价　52.00 元

前言

室内设计作为一门独立的专业在世界范围内真正确立是在20世纪六七十年代之后，现代主义建筑运动是室内设计专业诞生的直接动因。自从人类开始营造建筑，室内装饰就伴随着建筑的发展而演化出各种样式，因此在建筑内部进行装饰的概念是根深蒂固而又易于理解的。现代主义建筑运动使室内装饰从单纯的界面装饰走向空间的设计，从此不但产生了全新的室内设计专业，而且在设计理念上也发生了很大的变化。尤其是近年来，伴随着经济的高速发展，工业和科技水平的进步，以及现代、后现代主义设计风格建筑的蓬勃发展，众多相关书籍陆续面世。纵观图书市场，此类书籍主要有以下几种类型：工程实例的照片资料，设计实例的工程图资料，不同设计门类的空间造型、图案样式、尺度构造资料，设计表现技法类资料等，涉及室内设计风格及室内设计专题的较少。鉴于此，作者撰写了本书。

全书共六个章节，第一章为概述，界定室内设计的概念与类别、室内设计的原则与特征、室内设计的思维与方法、室内设计师的职业素养；第二章、第三章分别为中西方传统和现代室内设计风格样式，探讨历史语境下的室内设计发展及风格样式演变；第四章是室内空间设计，讲述室内空间的造型要素、室内空间的类型与分隔、室内空间设计专题实践（居住空间、餐饮空间、办公空间和商业空间）；第五章为室内风格设计，先后诠释室内的家具、色彩、照明和软装风格设计；第六章以室内细部设计来结束本书，内容包括天棚与地面设计、玄关与墙面设计、门窗与楼梯设计。

室内设计是一门发展十分迅速的设计学学科理论，涉及面很广，尽管作者在写作过程中尽了很大的努力，以使本书具有新意和创意，但仍感能力有限，加之时间仓促，书中难免有不妥之处，还请读者谅解，并不吝赐教。

此外，书稿的完成还得益于前辈和同行的研究成果，具体已在参考文献中列出，在此一并表示诚挚的感谢！

作者

2016 年 12 月

目 录

第一章　概　述

室内设计作为一种理性创作与情感表现并重的活动，是以科技为支撑、人性为出发点去创造一种精神与物质文明更和谐，生活更有效率，更能提升人生意义的生活环境的工作。本章为概述，主要探讨室内设计的概念与类别、室内设计的原则与特征、室内设计的思维与方法，以及室内设计师的职业素养。

第一节　室内设计的概念与类别

一、室内设计的界定及概念内涵

室内设计在建筑的内部展开，根据建筑的使用要求，运用物质技术及艺术手段，设计出物质与精神、科学与艺术、理性与情感完美结合的理想场所。室内设计不仅要具有使用价值，还要体现出建筑风格、文化内涵、环境气氛等精神功能。

室内设计旨在使人们在生活、居住、工作的室内环境空间中得到心理、视觉上的和谐与满足。室内设计的关键在于塑造室内空间的总体艺术氛围，从概念到方案，从方案到施工，从平面到空间，从装修到陈设等一系列环节，融会构成一个符合现代功能和审美要求的高度统一的整体。

室内设计是人为环境设计的主要部分。室内设计是环境的一部分，所谓环境（environment），是指影响人类生存和发展的各种天然的和经过人工改造的自然因素的总体，室内设计属于经过人工改造的环境,人们绝大部分时间生活在室内环境之中,因此室内设计与人类的关系在环境艺术设计系统中最为密切。

二、室内设计的类别划分

（一）以建筑类型为依据的划分

以建筑类型为依据,室内设计可划分为四种:住宅建筑室内设计、公共建筑室内设计、工业建筑室内设计、农业建筑室内设计。

（二）以空间使用性质为依据的划分

以空间使用性质为依据,室内设计可划分为住宅室内设计、公共空间室内设计、商业公共空间室内设计。

室内设计市场不断扩大而且细分,公共建筑、商业建筑、住宅建筑是目前室内设计市场的三大组成部分。公共建筑的室内设计项目有政府机关、文化中心、博物馆、美术馆、影剧院、体育中心、图书馆、医疗机构、教育单位、公共交通枢纽、写字楼等;商业建筑室内设计项目有宾馆酒店、餐饮饭店、酒吧、咖啡厅、茶室、休闲娱乐场所、商场卖场等。

第二节　室内设计的原则与特征

一、室内设计的原则

（一）整体性原则

在进行室内设计的过程中,要注意各个界面的整体性,使各个界面的设计能够有机联系,完整统一。坚持室内设计的整体原则主要应注意以下两点。

(1)室内界面的整体性设计要从形体设计开始。各个界面的形体变化要在尺度、色彩上统一、协调。协调不代表各个界面不需要对比,有时利用对比也可以使室内各界面总体协调,而且还能达到风格上的高度统一。界面上的设计元素及设计主题要互相协调、一致,让界面的细部设计也能为室内整体风格的统一起到应有的作用。

(2)要注意界面上的陈设品设计与选择。风格一致的陈设品可以为界面设计的整体性带来一定的影响,但陈设品的选择不应排斥各种风格,如不同材质、色彩、尺度的陈设品,通过设计者的艺术选择,都能在整体统一的风格中找到自己的位置,并使室内整体设计风格高度统一,而且又有细部的设计统一。

(二)功能性原则

人对室内空间的功能要求主要表现在两个方面:使用上的需求和精神上的需求。理想的室内环境应该达到使用功能和精神功能的完美统一。

1. 使用功能的原则

(1)单体空间应满足的使用功能

满足人体尺度和人体活动规律。室内设计应符合人的尺度要求,包括静态的人体尺寸和动态的肢体活动范围等。而人的体态是有差别的,所以具体设计应根据具体的人体尺度确定,如幼儿园室内设计的主要依据就是儿童的尺度。人体活动规律包括两个方面,即动态和静态的交替、个人活动与多人活动的交叉。这就要求室内空间形式、尺度和陈设布置符合人体的活动规律,按其需要进行设计。

按人体活动规律划分功能区域。人在室内空间的活动范围可分为三类,即静态功能区、动态功能区和动静相兼功能区。在各种功能区内根据行为不同又有详细的划分,如静态功能区内有睡眠、休息、看书、办公等活动；动态功能区有走道空间、大厅空间等；动静相兼功能区有会客区、车站候车室、机场候机厅、生产车间等。因此，一个好的设计必须在功能划分上满足多种要求。

（2）室内空间的物理环境质量要求

室内空间的物理环境质量是评价室内空间的一个重要条件。

室内设计首先必须保证空气的洁净度和足够的氧气含量，保证室内空气的换气量。有时室内空间大小的确定也取决于这一因素，如双人卧室的最低面积标准的确定，不仅要根据人体尺度和家具布置所需的最小空间来确定，还需考虑在两个人睡眠 8 小时室内不换气的状态下所需氧气量的空气最小体积值。在具体设计中，应首先考虑与室外直接换气，即自然通风，如果不能满足时，则应加设机械通风系统。另外，空气的湿度、风速也是影响空气舒适度的重要因素。在室内设计中还应避免出现对人体有害的气体与物质，如目前一些装修材料中的苯、甲醛、氡等有害物质。

人的生存需要相对恒定的适宜温度，不同的人和不同的活动方式有不同的温度要求，如老人住所需要的温度就稍微高一些，年轻人则低一些；以静态行为为主的卧室需要的温度就稍微高一些，而在体育馆等空间中需要的温度就低一些，这些都需要在设计中加以考虑。

没有光的世界是一片漆黑，但它适于睡眠；在日常生活和工作中则需要一定的光照度。白天可以通过自然采光来满足，夜晚或自然采光达不到要求时则要通过人工光环境予以解决。

人对一定强度和一定频率范围内的声音有敏感度，并有自己适应和需要的舒适范围，包括声音绝对值和相对值（如主要声音和背景音的对比度）。不同的空间对声响效果的要求不同，空间的大小、形式、界面材质、家具及人群本身都会对声音环境产生影响，所以，在具体设计中应考虑多方面的因素以形成理想的声环境。

随着科技的发展，电磁污染也越来越严重，所以在电磁场较强的地方，应采取一些屏蔽电磁的措施，以保护人体健康。

（3）室内空间的安全性要求

安全是人类生存的第一需求，安全首先应强调结构设计和构造设计的稳固、耐用；其次应该注意应对各种意外灾害，火灾就是一种常见的意外灾害，在室内设计中应特别注意划分防火防烟分区、注意选择室内耐火材料、设置人员疏散路线和消防设施等；此外，防震、防洪等措施也应充分考虑，美国“9·11事件”和“非典”风波之后，如何应对恐怖袭击、生化袭击、公共卫生疾病等也逐渐引起各界的注意。

2. 精神功能

（1）具有美感

各种不同性质和用途的空间可以给人不同的感受，要达到预期的设计目标，首先要注意室内空间的特点，即空间的尺度、比例是否恰当，是否符合形式美的要求。其次要注意室内色彩关系和光影效果。此外，在选择、布置室内陈设品时，要做到陈设有序、体量适度、配置得体、色彩协调、品种集中，力求做到有主有次、有聚有分、层次鲜明。

（2）具有性格

根据设计内容和使用功能的需要，每一个具体的空间环境应该能够体现特有的性格特征，即具有一定的个性。如大型宴会厅比较开敞、华丽、典雅，小型餐厅比较小巧、亲切、雅致。

当然空间的性格还与设计师的个性有关，与特定的时代特征、意识形态、宗教信仰、文学艺术、民情风俗等因素有关，如北京明清住宅的堂屋布置对称、严整，给人以宗法社会封建礼教严格约束的感觉；哥特教堂的室内空间冷峻、深邃、变幻莫测，产生把人的感情引向天国的效果，具有强烈的宗教氛围与特征。

（3）具有意境

室内意境是室内环境中某种构思、意图和主题的集中表现，它是室内设计精神功能的高度概括。如北京故宫太和殿（图

1-1)，房间中间高台上放置金黄色雕龙画凤的宝座，宝座后面竖立着鎏金镶银的大屏风，宝座前陈设不断喷香的铜炉和铜鹤，整个宫殿内部雕梁画柱、金碧辉煌、华贵无比，显示出皇帝的权力和威严。

图 1-1　北京太和殿内景

联想是表达室内设计意境的常用手法，这种方法可以影响人的情感思绪。设计者应力求使室内设计有引起人联想的地方，给人以启示、诱导，增强室内环境的艺术感染力。

（三）形式美原则

1. 稳定与均衡

自然界中的一切事物都具备均衡与稳定的条件，受这种实践经验的影响，人们在美学上也追求均衡与稳定的效果。这一原则运用于室内设计中，常涉及室内设计中上、下之间的轻重关系的处理。在传统的概念中，上轻下重，上小下大的布置形式是达到稳定效果的常见方法，如图 1-2 崇政殿内景。

在室内设计中，还有一种称之为“不对称的动态均衡”的手法”也较为常见，即通过左右、前后等方面的综合思考以求达到平衡的方法。这种方法往往能取得活泼自由的效果。例如，图 1-3 通过斜面等设计取得了富有灵气的视觉效果，具有少而精的韵味。

图 1–2　崇政殿内景

图 1–3　不对称的动态均衡

2. 韵律与节奏

在室内设计中,韵律的表现形式很多,常见的有如下几种。

连续韵律是指以一种或几种要素连续重复排列,各要素之间保持恒定的关系与距离,可以无休止地连绵延长。例如,图 1–4 中的希尔顿酒店通过连续韵律的灯具排列和地面纹路,营造出一种船与热带海洋的气氛。

图 1–4　具有连续韵律的灯具布置

渐变韵律是指把连续重复的要素按照一定的秩序或规律逐渐变化。

交错韵律是指把连续重复的要素相互交织、穿插,从而产生一种忽隐忽现的效果。

起伏韵律是指将渐变韵律按一定的规律时而增加,时而减小,有如波浪起伏或者具有不规则的节奏感。这种韵律常常比较活泼而富有运动感。例如图 1–5 的旋转楼梯,它通过混凝土可塑性而形成的起伏韵律颇有动感。

图 1–5　旋转楼梯

3. 对比与微差

对比是指要素之间的显著差异;微差则是指要素之间的微小差异。当然,这两者之间的界线也很难确定,不能用简单的公式加以说明。就如数轴上的一列数,当它们从小到大排列时,相邻者之间由于变化甚微,表现出一种微差的关系,这列数亦具有连续性。

对比与微差在室内设计中的应用十分常见,两者缺一不可。对比可以借彼此之间的烘托来突出各自的特点以求得变化;微差则可以借相互之间的共同性而求得和谐。在室内设计中,还有一种情况也能归于对比与微差的范畴,即利用同一几何母题,虽然它们具有不同的质感大小,但由于具有相同母题,所以一般情况下仍能达到有机的统一。例如图 1–6 中的加拿大多伦多的汤姆逊音乐厅设计就运用了大量的圆形母题，虽然在演奏厅上部设置了调节音质的各色吊挂，且它们之间的大小也不相同，但相同的母题，使整个室内空间保持了统一。

图 1-6 加拿大多伦多的汤姆逊音乐厅

4. 重点与一般

在室内设计中，重点与一般的关系很常见，较多的是运用轴线、体量、对称等手法而达到主次分明的效果。例如图 1-7 为苏州网师园万卷堂内景，大厅采用对称的手法突出了墙面画轴、对联及艺术陈设，使之成为该厅堂的重点装饰。

图 1-7 苏州网师园万卷堂内景

从心理学角度分析，人会对反复出现的外来刺激停止做出反应，这种现象在日常生活中十分普遍。例如，我们对日常的时钟走动声会置之不理，对家电设备的响声也会置之不顾。人的这些特征有助于人体健康，使我们免得事事操心，但从另一方面看，却加重了设计师的任务。在设计“趣味中心”时，必须强调其新奇性与刺激性。在具体设计中，常采用在形、色、质、尺度等方面与众不同、不落俗套的物体，以创造良好的景观。

此外，有时为了刺激人们的新奇感和猎奇心理，常常故意设置一些反常的或和常规相悖的构件来勾起人们的好奇心理。例如，在人们的一般常识中，梁总是搁置在柱上的，而柱子总是垂直竖立在地面上的，但如果故意营造梁柱倒置的场景，会吸引人们的注意力，并给人以深刻的印象。

（四）技术与经济价值

1. 技术经济与功能相结合

室内设计的目的是为人们的生存和活动寻求一个适宜的场所，这一场所包括一定的空间形式和一定的物理环境，而这几个方面都需要技术手段和经济手段的支撑。

室内空间的大小、形状需要相应的材料和结构技术手段来支持。纵观建筑发展史，新技术、新材料、新结构的出现为空间形式的发展开辟了新的可能性。新技术、新材料、新结构不仅满足了功能发展的新要求，而且使建筑面貌为之一新，同时又促使功能朝着更新、更复杂的程度发展，然后再对空间形式提出进一步的新要求。所以，空间设计离不开技术、离不开材料、离不开结构，技术、材料和结构的发展是建筑发展的保障和方向。

人们的生存、生活、工作大部分都在室内进行，所以室内空间应该具有比室外更舒适、更健康的物理性能。古代建筑只能满足人对物理环境的最基本要求；后来的建筑虽然在围护结构和室内空间组织上有所进步，但依然被动地受自然环境和气候条件的影响；当代建筑技术有了突飞猛进的发展，音质设计、噪声控制、采光照明、暖通空调、保温防湿、建筑节能、太阳能利用、防火技术等都有了长足的进步，这些技术和设备使人们的生活环境越来越舒适，受自然条件的限制越来越少，人们终于可以获得理想、舒适的内部物理环境。

经济原则要求设计师必须具有经济概念，要根据工程投资进行构思和设计，偏离了业主经济能力的设计往往只能成为一纸空文。同时，还要求设计师必须具有节约概念，坚持节约为本的理念，做到精材少用、中材高用、低材巧用，摒弃奢侈浪费的做法。

总之，内部空间环境设计是以技术和经济作为支撑手段的，技术手段的选择会影响这一环境质量的好坏。

2. 技术经济与美学相结合

技术变革和经济发展造就了不同的艺术表现形式，同时也改变了人们的审美价值观，设计创作的观念也随之发生了变化。

早期的技术美学是一种崇尚技术、欣赏机械美的审美观。采用了新材料、新技术的伦敦水晶宫和巴黎埃菲尔铁塔打破了从传统美学角度塑造建筑形象的常规做法，给人们的审美观念带来强烈的冲击，逐渐形成了注重技术表现的审美观。

高技派建筑进一步强调发挥材料性能、结构性能和构造技术，暴露机电设备，强调技术对启发设计构思的重要作用，将技术升华为艺术，并使之成为一种富于时代感的造型表现手段，如法国里昂的 TGV 车站（图 1-8）就是注重技术表现的实例。

图 1-8 法国里昂 TGV 车站

（五）生态性原则

当代社会严峻的生态问题，迫使人们开始重新审视人与自然的关系和自身的生存方式。建筑界开始了生态建筑的理论与实践，希望以“绿色、生态、可持续”为目标，发展生态建筑，减少对自然的破坏，因此“生态与可持续原则”不但成为建筑设计评价，同时也成为室内设计评价中一条非常重要的原则。室内设计中的生态与可持续评价原则一般涉及如下内容。

1. 自然健康

人的健康需要阳光，人的生活、工作也需要适宜的光照度，如果自然光不足则需要补充人工照明，所以室内采光设计是否合理，不但影响使用者的身体健康、生活质量和内部空间的美感，而且还涉及节约能源和减少浪费。

新鲜的空气是人体健康的必要保证，室内微环境的舒适度在很大程度上依赖于室内温、湿度以及空气洁净度、空气流动的情况。据统计，50%以上的室内环境质量问题是由于缺少充分的通风引起的。自然通风可以通过非机械的手段来调整空气流速及空气交换量，是净化室内空气、消除室内余湿、余热最经济、最有效的手段。

自然因素的引入是实现室内空间生态化的有力手段，同时也是组织现代室内空间的重要元素，有助于提高空间的环境质量，满足人们的生理心理需求。

2. 可再生能源的充分利用

可再生能源包括太阳能、风能、水能、地热能等，经常涉及的有太阳能和地热能。

太阳能是一种取之不尽、用之不竭、没有污染的可再生能源。利用太阳能，首先表现为通过朝阳面的窗户，使内部空间变暖；当然也可以通过集热器以热量的形式收集能量，现在的太阳能热水器就是实例；还有一种就是太阳能光电系统，它是把太阳光转化为电能，再用电池贮存，进而用于室内的能量补给，这种方式在发达国家运用较多，形式也丰富多彩，有太阳能光电玻璃、太阳能瓦、太阳能小品景观等。

利用地热能也是一种比较新的能源利用方式，该技术可以充分发挥浅层地表的储能储热作用,通过利用地层的自身特点实现对建筑物的能量交换,达到环保、节能的双重功效,被誉为“21世纪最有效的空调技术”。

3. 高新技术的适当利用

随着科技的进步,将高、精、尖技术用于建筑和室内设计领域是必然趋势。现代计算机技术、信息技术、生物科学技术、材料合成技术、资源替代技术、建筑构造措施等高技术手段已经运用到各种设计领域,设计师希望以此达到降低建筑能耗、减少建筑对自然环境的破坏,努力维持生态平衡的目标。在具体运用中,应该结合具体的现实条件,充分考虑经济条件和承受能力,综合多方面因素,采用合适的技术,力争取得最佳的整体效益。

以上介绍了在生态和可持续评价原则下,室内设计应该采取的一些原则和措施。至于建筑和内部空间是否达到“生态”的要求,各国都有相应的评价标准。虽然各国在评价的内容和具体标准上有所不同,但他们都希望为社会提供一套普遍的标准,从而指导生态建筑(包括生态内部空间)的决策和选择;希望通过标准,提高公众的环保意识,提倡和鼓励绿色设计;希望以此提高生态建筑的市场效益,推动生态建筑的实践。

二、室内设计的特征分析

室内设计是建立在四维时空概念基础上的艺术设计门类,是围绕建筑物内部空间而进行的环境艺术设计,它包括视觉环境和工程技术方面的问题,涉及声学、力学、光学、美学、哲学、心理学和色彩学等多个学科的知识,表现出鲜明的特点。

(一)物质功能与精神功能的需求特征

1. 物质功能的需求特征

好的室内设计是在满足基本功能需求的基础上追求美观的

设计。由此看来，物质功能需求的满足是室内设计要关注的第一步，也是至关重要的一步。室内设计要根据空间的使用目的来合理规划空间，努力做到布局合理、层次清晰、通行便利、通风良好、采光适度等。而且，室内环境中的不同使用功能需要不同的侧重，例如，客厅要求敞亮，卧室要求私密，书房要求安静，等等。

2. 精神功能的需求特征

每一个室内空间都能给人带来不同的心理感受，比如可爱的、浪漫的、整齐的、活跃的、宁静的、严肃的、正统的、艺术的、冰冷的、童趣的、个性的、宽敞的、明亮的、现代的、乡土的、典雅的、柔软的、未来的、高雅的、华贵的、简洁的，等等。室内设计从形式上来看，是对地面、顶棚、墙面等实体的推敲与设计，而实质上这些只是满足人们精神需求的手段，即通过各种不同的材质、色彩、布局等满足人们的各种情感需求。

（二）“以人为本”

室内设计是根据空间使用性质和所处的环境，运用物质技术手段，创造出功能合理、舒适美观、符合人的生理和心理要求的理想场所的空间设计，旨在使人们在生活、居住、工作的室内环境空间中得到心理、视觉上的和谐与满足。室内设计的主要目的就是创造满足人们多元化的物质和精神需求的室内环境，确保人们在室内的安全和身心健康，因此必须时刻遵守“以人为本”的宗旨。

（三）建筑的制约与限定性

室内的空间构造和环境系统，是设计功能系统的主要组成部分，建筑是构成室内空间的本体。室内设计是从建筑设计延伸出来的一个独立门类，是发生在建筑内部的设计与创作，始终受到建筑的制约。

室内设计中，空间实体主要是建筑的界面，界面的效果由人在空间流动中形成的不同视觉感受来体现，界面的艺术表现以人的主观时间延续来实现。人在这种秩序中,不断地感受建筑空间实体与虚体在造型、色彩、样式、尺度、比例等方面的信息,从而产生不同的空间体验。

室内设计中的物质要素,是用来限定空间的具有一定形状的物体。由建筑界面围合的内部虚体,是室内设计的主要内容,并与实体的存在构成辩证统一的关系。

空间限定的基本形态有六种:①围合,创造了基本形态;②覆盖,垂直限定高度小于限定度;③凸起,有地面和顶部上、下凸起两种;④与凸起相反的下凹;⑤肌理,用不同材质抽象限定;⑥设置,是产生视觉空间的主要形态。

空间限定中最重要的因素是尺度,实体形态之间的尺度是否得当,是衡量设计成效的关键。

(四)工程技术与艺术相结合的特征

室内设计强调工程技术和艺术创造相互渗透与结合,运用各种艺术和技术手段,使设计达到最佳的室内空间环境效果。现代科学技术的进步使得室内设计师可以运用更丰富的手段来满足人们的价值观和审美观,室内设计业有了更广阔的发展前景。另一方面,新材料与新工艺的不断发明与更新换代,也为室内设计提供了不同于以往的设计手法和设计灵感,室内设计有了更加多彩的新元素和新面貌。总之,室内设计本身就是工程技术与设计艺术的结合体,工程技术、材料技术的发展为室内设计艺术不断注入新的活力和动力,使得室内设计可以跟进人们多方面与时俱进的需求。

(五)可持续发展特征

室内设计还有一个显著的特点,那就是对于室内功能改变的敏感性。人们物质生活水平的提高,尤其是现代科技带来的通讯方式的变化,使人们更多地待在室内,对以往的室内结构和功能有了更加多样的要求，对此，室内设计师必须做出灵敏、及时的反映与更新。

第三节 室内设计的思维与方法

一、室内设计思维

（一）室内设计思维的特性

1. 原创性特征

“原”强调原始，从前没有的性质，“创”则显现时间上的初始，新的纪录。对于设计原创性的描述应该是“新的使用方法”“新的材料运用”“新的结构体系”“新的价值观念”等，这就要求设计师在空间功能设计时，把更多的精力投入“用”的环节。在“新材料的开发”环节、“新结构的实验”环节以及“新观念的表达”环节中，寻找空间设计的依据，从而避免抄袭、拼贴等不良现象的出现，用这种解决问题的方法和思路来思考设计中存在的问题，有利于设计师创造性思维的开发。

2. 多向性特征

室内设计中的创造性思维又是一种连动思维，它引导人们由已知探索未知，开拓思路。连动思维表现为纵向、横向和逆向连动，体现了多向性的特征。

3. 想象性特征

室内设计要求设计者善于想象，善于结合以往的知识和经验在头脑里形成新的形象，善于把观念的东西形象化。

4. 突变性特征

室内设计中的直觉思维、灵感思维是在设计创造中出现的一种突如其来的领悟或理解。它往往表现为思维逻辑的中断,出现思想的飞跃,突然闪现出一种新设想、新观念,使对问题的思考突破原有的框架,从而使问题得以解决。

(二)室内设计创意

1. 方案构思的自我体验

方案的构思是创造性最强的工作,设计师是否善于采用各种有助于创新思维的方法,对于设计项目的成败是至关重要的。创造性方法是室内设计方法的重要组成部分,它贯穿于装饰工程设计的全过程。可以说,设计是一种创造性劳动。

2. 素材再造

素材再造是通过观察、分析、归纳、联想的方式,始终贯穿设计的目的方向,并研究实现目的的外因限制、理解设计定位是建立目标系统后的设计评价系统,也是选择、组织、整合、创造内因(原理、材料、结构、工艺技术和形态)的依据。

(三)室内设计创意的方法

1. 智慧与激励

强调激励团队的智慧与力量,在室内设计前期方案运作过程中,着重团队互相激发的思考方法,激发团队每位设计师的潜能,在内部进行互动式方案构思训练,充分发挥每个人的智慧与能量。

智慧与激励创意的特征:①人人都有创造性的设计能力,集体的智慧高于个人的智慧;②创造性思维需要引发,多人相互激励可以活化思维,产生出更多的新颖性设计构思;③摆脱思想束缚,保持头脑自由,有助于新奇想法的出现,过早判断有可能扼杀新设想。

智慧与激励创意的三种方式：

其一，在指定时间内，由个体方案师独立完成设计方案，以手绘草图的形式，构想出大量的意念型的构思方案，通过例会的形式进行方案解说，经过集体讨论，由他人提出问题，并从中提出其他的设计构想，反复多次论证，最终确定方案。

其二，召集4名设计方案师参加会议，每人针对设计方案以手绘的形式制作出3种设计方案，有时间限定。然后将设计方案相互交换，在第二时间内每人根据别人的启发，再在(别人的)设计基础上制作出3种设计方案。如此循环，采用设计相互交流的方式，完善设计方案。

其三，强调多学科的集体智慧思考的方法，通过扩大知识来源范围，达到最终设计目标。运作过程中既要保证大多数人是室内设计领域的专业人员，也要吸收一些知识面宽阔的外行人参加，可以包括相关的景观设计师、建筑师、文学家、画家、音乐家、诗人、物理学家、旅游爱好者等。这种方式可以通过不同的角度展开设计思维联想。

智慧与激励创意的运作过程：①选择合适的会议主持人。参加会议的人员一般以5～10人为宜，人员的构成要合理。②确定目标方向。确定会议讨论的设计方案主题。③明确会议规则。这是与一般的集体讨论会的最明显区别。与会者要遵循以下规则：自由奔放原则；禁止评判原则；追求数量原则；借题发挥原则。④启发思维，进行发散，畅谈设想。充分运用想象力和创造性思维，畅谈自己各种新颖奇特的想法。会议一般不超过一小时。⑤整理和评价。会后由主持人、设计总监或秘书对设想进行整理，组织评价人员(一般以3～5人为宜)，也可由设计方案设想的提出者组成，但其中应包括对项目跟踪的设计人员。根据事前明确的设计方案进行评价筛选。评价指标包括两部分：一是专业、技术上的“内在”指标，主要是衡量设想在专业上是否有根据，在技术上是否先进和可行；二是实施的可操作性、客户群的“外在”指标,主要是衡量设想实现的现实性和是否能满足用户或开发商的需求。

2. 推理与创新

（1）提问

用提问的方式来打破传统思维的束缚,扩展设计思路,是提升设计师的创新性设计能力的一种方法。它以创造新理念作为前提,开启设计师智慧的闸门,引发思考和想象,激发创造冲动,扩展创造思路。

提问的具体内容:①为什么要针对此项目的设计?为什么采用这种结构?明确目的、任务、性质……②此项目的功能属性?有哪些方法可用于这种设计?已知的哪些方面需要创新……③此项目的用户及开发商是谁?谁来完成此设计?是自己单独干还是成立设计小组……④什么时间能完成此设计?最后期限?各设计阶段何时开始?何时结束?何时鉴定……⑤该设计用在什么地方?哪里?哪个行业?哪个部门?在何地投产……⑥怎样设计?结构如何?材料如何?颜色如何?形状如何……

如此逐一提问并层层分解,就像医生对病人要对症下药,才能药到病除。最终目的是使设计工作很快进入实质性操作阶段。同时,也可以按照逆向思维提问,即始终从反面去思考问题,如反向理解设计项目:柱头为什么不能倒放?椅子为什么不能两面坐或悬空?

（2）列举

任何设计师的方案设计都难免存在缺点和误区。要克服设计的不足,就要通过列举大师作品或成功的设计案例来提升设计的品质,确定设计的价值。抓住设计的准确性,就意味着抓住设计目标的本质。

随着科技的不断发展,新理念、新材料不断更新。人们对居住环境永远不可能完全满足,一种需要满足之后,还会提出更高的需求。

列举的具体方法有特性列举法、缺点列举法、希望列举法等。有针对性地、系统地提出问题，会使我们掌握的信息更充分、更完善。

列举的特性体现在三个方面，即名词特性，如材料：水泥、叶子、风等；形容词特性，如颜色：白、黑、红、墨绿、天蓝、紫红等，又如结构、形状；功能特性，如现代、艺术、自然、表演、行为艺术等。

（3）类比

通过两个（类）设计对象之间某些相同或相似之处来解决其中一个设计项目需要解决的问题。其关键是寻找恰当的类比对象，这里需要直觉、想象、灵感、潜意识等创意灵感。

（4）组合

将两个以上的设计元素或设计取向点进行组合，获得统一整体的设计，在功能、形态上形成统一的切合点，进行组合，通过寻求问题、论证问题、产生设计联想，达成共识，来解决设计的问题。

（5）逆向

“左思右想”“旁敲侧击”说的是逆向思维的形式之一。在设计过程中，如果只沿着一个思路，常常找不到最佳的感觉，这时可让思维向左右发散，或作逆向推理，有时能获得意外的收获。

（6）立体

设计思维的广度指善于立体、全面地看问题。在设计过程中，围绕问题多角度、多途径、多层次、跨学科地进行全方位研究，又称之为“立体思维”。包括求同法、求异法、同异并用法、共变法、剩余法、完全归纳法、简单枚举归纳法、科学归纳法和分析综合法等。

3. 意识与再造

意识与再造表现为热线、导引、心智图、求同与求异、分与合、发射设计等方面。

“热线”——意识孕育成熟了的并和潜意识相沟通的一种设计思路。

导引——灵感的迸发几乎都要通过某一偶然事件作为创意的“导火线”，由导引刺激大脑，引起相关设计联想，灵感才能闪现。

心智图——此法主要采用意念的概念，是设计观念图像化的思考策略。以线条、图形、符号、颜色、文字、数字等各样方式，将意念和信息以手绘的形式快速地以上述各种草图的方式摘要下来。

求同与求异——在室内设计中，常常是多次反复，求异一求同一再求异再求同，二者相互联系，相互渗透，相互转化，从而产生新的认识和创意思路。

分与合——将不相同也无关联的设计元素加以整合，产生新的设计意念。分合法利用模拟与隐喻的作用，协助思考者分析问题以产生各种观点。

发射——设计思维在一定时间内向外发射出来的数量和对外界刺激物做出反应的速度，使设计师对设计案例做出快速的反映，以激发新颖独特的构思。

二、室内设计方法

（一）设计图形的表达方法

在室内设计中，由于图形最具有直观性，因此常被设计者们用来表达自己的思想与主题。室内设计图形的表达方法主要有平面图、透视图、立面图、剖面图和施工图五种。

1. 平面图的表达方法

平面图是一种俯视“地图”，从中可粗略地看到一个特定空间的全貌。从上空看，一张桌子或者小地毯可能只有一个简单的长方形大小，而这张凳子可能看起来像茶托。从高空看去，墙壁的厚度和门窗之间的距离也能清晰地在图中展现；只要把这个空间观念谨记心中，何为楼层平面图将不难理解。

假如设计师画平面图的比例为 1 ∶ 1，这意味着最终得到的图像将与实物大小一样，这样的话，画完一个房间将必需一张与实际楼层空间面积一样大小的纸张。很显然，这从实际操作上行不通，因此设计师会选择一个合适的比例尺，以便纸张的面积不会太大，方便携带和操作。设计师最常用的平面图比例尺是1∶20或者1∶50（也就是说，房间的实际尺寸是平面图尺寸的20或50倍）。然而，单一纸张中的绘图数量、决定使用的纸张大小和平面图中需要涵盖的绘图细节的数量无不影响着比例尺的选择。

另外，在向客户做设计展示报告时，如果设计师拿出的平面图在添加说明内容之后显得过分拥挤，也会导致客户认为设计师不够专业，所以，如何在纸张上绘制和安排好平面图的内容从某种程度上讲还受到空间实际形状的影响。

手绘平面图绘制时应平行移动作画护条，把草图画纸固定到画板上。决定好比例尺之后，设计师可以用一支技术铅笔开始平面图的绘制。先沿着平行移动线画出各水平线，然后把三角板按到平行移动线上，保持好90°角，沿着三角板的边沿画出垂直线。画好一条直线时，测量出所需线段的长度，并用铅笔做好标记。画图时交会的线条可以相互交叉，这样可使棱角分明，方便给平面图上墨。总之，先制作出房间的总体覆盖情况，包括各个墙壁的厚度，然后再把各结构细节比如窗户、门等添加进去。

早期的绘画用铅笔来完成，这些草图最后展示用的平面图可誊写出来，复制到底图纸上，或者是更高级的纸张，如果是平面图还须处理润色，交到董事会上去审查通过。作为支撑设计理念进一步发展的手段，平面图的基本形式应包括墙壁——表现出它们的厚度和长度；门、橱柜和窗户的开口；暖气片的布置；窗台、壁脚板等细节。平面图还将包括一个图签、一个比例尺说明和指北针。

学习CAD（计算机辅助设计）软件的学生不但要熟悉什么是坐标系、尺度参数和其他约束条件，而且需要懂得各种工具、选项和菜单的使用。如果需要，利用CAD软件可直接生成和编辑直线、弧线、曲线、角、矩形、多边形、椭圆和圆圈；文本以及符号也可添加进去。这其中掌握好鼠标控制十分有必要。制作层次感和操纵视口的能力可使设计师在最终绘图的布局和展示中如鱼得水，在添加注释和编辑之后，这个最终绘图就可保存或者打印出来。对于大多数电脑集成软件包，达到特定效果的途径通常不止一条；正因为如此，要使软件运用的信心更足，不断地练习和尝试十分重要。

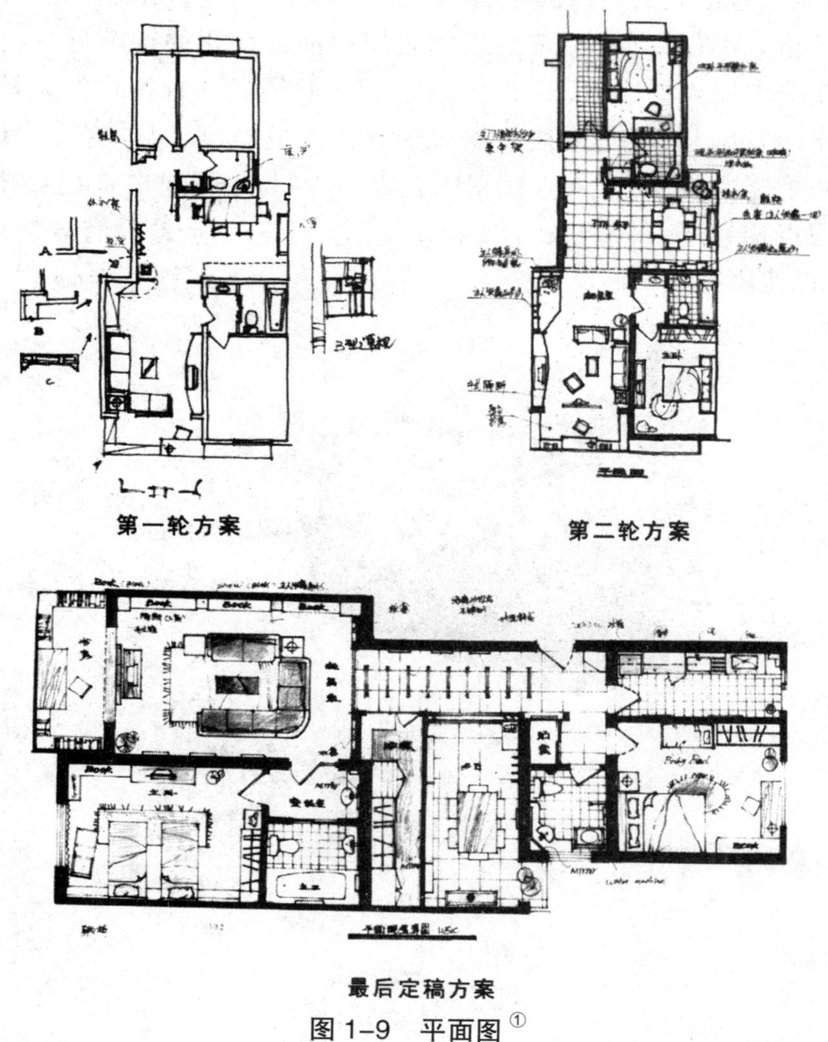

第一轮方案　　第二轮方案

最后定稿方案

图 1–9　平面图[①]

① 图1–9至图1–11 转引自郑曙旸的《室内设计思维与方法》（北京：中国建筑工业出版社，2003）

2. 透视图的表达方法

透视图的作用是提供逼真的具象视图，在这里，三维立体的空间和物件随着它们渐去渐远而高度变小。这些图画在做客户展示报告的时候将发生奇效，因为它们不但能展示方案中各元素的搭配、施工完成时的面貌，而且能极佳地反映空间的基调、氛围和风格。不仅如此，透视图还能表现一些人性化的细节处理，比如在图中加入些植物、美术作品、一只宠物或者一幅窗口的风景。透视的基础是网格，取决于需要展现角度的宽度，可选择一个或者两个透视参考点。一点透视图较容易绘制，但看起来有些呆滞，而两点透视图——两条直线汇聚到两点上——是最具有现实感的，也使用得最为广泛。

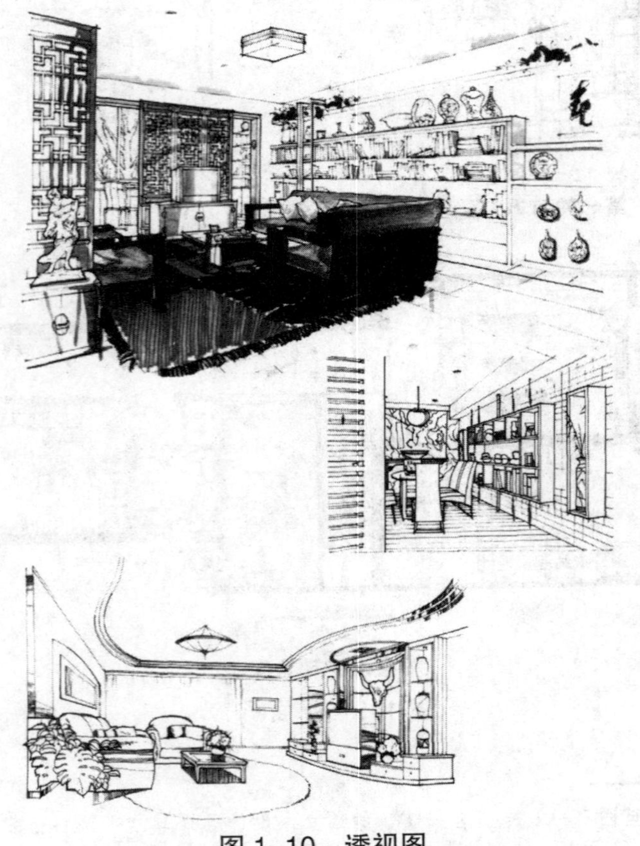

图 1–10　透视图

3. 立面图的表达方法

立面图是缩尺图，表示一堵墙的平面视图，它看起来就像人们正视着这堵墙。对难以掌握平面图比例尺的客户来说，立面图尤其有用。立面图对室内设计师来说也很有用处，因为它可帮助设计师理解他的设计布局中的含意，并且这些立面图也会给装饰材料承包商提供在平面图里没法反映的信息内容。

通常，平面图里距离面墙 1m 内的物件都将在立面图中画出，但是为了确保设计方案能有效地向客户传达，设计师可在此时制造一些艺术效果。跟没有视角的平面图一样，一张立面图提供二维视图。立面图里的房门是关闭着的，檐口和踢脚板的轮廓也将在图中得以反映。根据平面图的指北针，立面图里也应标明方向——如取决于展示墙面的方位，标明“北立面图”或者“南立面图”。因为此种图片的目的在于勾画比例，所以图中不注明测量数据。固定好的家具从地面画起，而自由站立的家具则采取加粗物体与地板接触线条来进行区别。

跟平面图一样，立面图也是以铅笔在固定于画板上的草图画纸上绘制，采用的比例尺是已有的平面图比例尺，画完之后需要上色。设计师选好需要绘制的墙壁，把画好的平面图置于画板的下方，以便参照着在它的上面画立面图。跟绘制平面图时的方法一样，先画出外围轮廓，即从地板线条画起，从两边带出表示墙壁的两条垂线，最后画出封顶线条。接着把家具画进图中，这时由于离墙壁最远的物件可看见整体，所以先画出那些物件。对于紧靠墙壁的物体，比如暖气片或者护壁板，因为它们很可能有些部分被遮挡住，则应放在最后画。

4. 剖面图的表达方法

剖面图跟立面图十分相似，但也存在一定的差别，即立面图反映的是从空间内部看整堵墙的效果，而剖面图是对设计空间的一刀切。因此，剖面图可以表示各个墙壁的厚度，这点跟平面图相当类似。画图时通常采纳的方法是，出示至少两幅剖面图或者两幅立面图并在房屋的总体平面图中标明它们所在的位置。除此之外，还可以通过画剖面图和立面图的简单草图来试验各种设计理念，解决设计当中遇到的难题。剖面图可以反映出空间中任何一个视点向着墙面的情形——而不像立面图只反映离墙壁仅1m以内的距离——所以，设计中要采用剖面图还是立面图将取决于设计师想要展现的家具种类。剖面图在图示两个或者两个以上相邻房间时尤其有用，如展现一间带独立浴室的卧室。

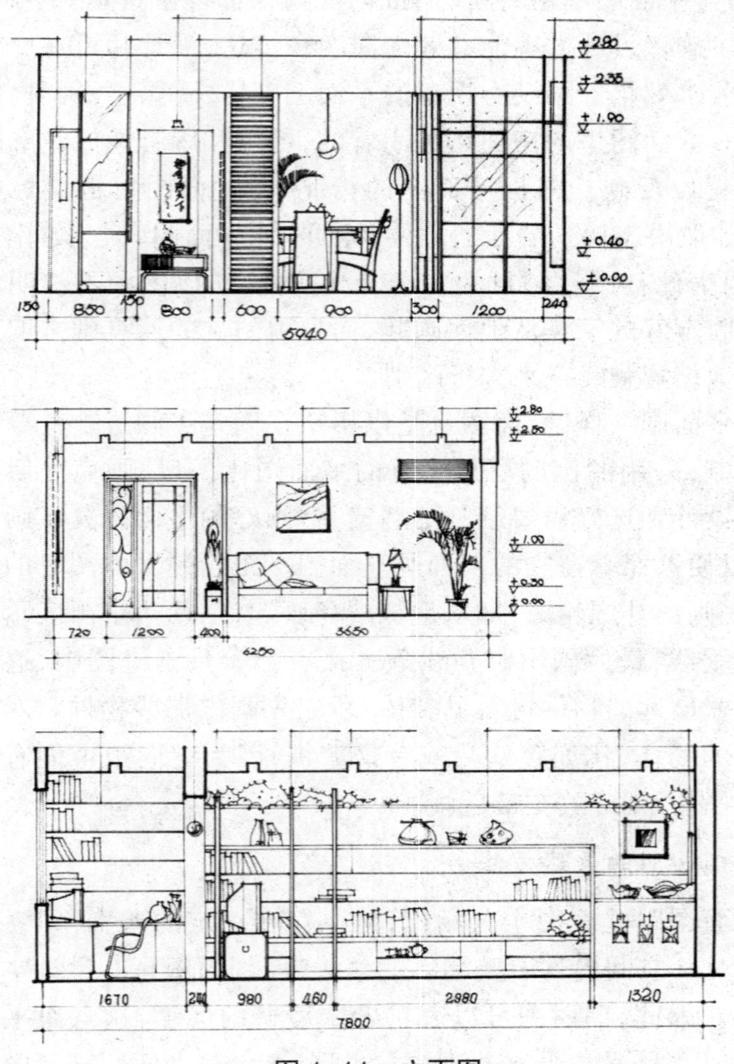

图 1–11 立面图

图 1–12　剖面图

5. 施工图的表达方法

在设计方案获得客户的首肯后,就可以制作出周详的施工图。这是为了向材料承包商或者规划局官员递交关于某些工程施工的准确信息。当呈递的对象是承包商时,这些图纸应确保具有最高标准的细节性和完整性。它们的一般形式是根据比例尺绘制而成的平面图、立面图和剖面图;它们注重功效而非外观好看,并附有十分清楚的注解,以便设计师对即将使用的材料、饰面的意图良好地传达。施工图往往用于厨房、浴室、橱柜或者书架等内装细木工制品的细节,还用于专门设计的家具什件,比如接待服务台或者董事会议办公桌。

计算机辅助设计(CAD)大大促进了国际设计交流的发展,施工图、平面图或者三维图像都可以在电脑上制作,转化成 JPEG 或者 PDF 电子文件,然后通过电子邮件发给客户、建筑监管人员或者装饰材料承包商。这样,承包商就可以根据最终的 CAD 绘图制作家具或者其他装置,而不需要出现在工地现场。现如今,设计师只跟客户有过初次见面,然后利用电子邮件与客户保持联系,完成所有进一步的商业合作,一直到最后的项目交递和竣工阶段才有第二次见面。

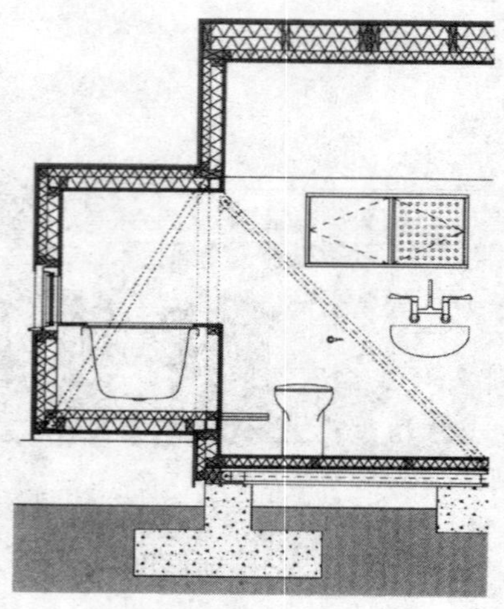

图 1-13　施工图

（二）空间实用布局的方法

虽然空间设计中设计师总要留意空间布局的整体美感，但是空间的功能和实用性是另外一个明显需要优先考虑的因素。一块区域的设计和布局必须是为了特定的一个或者一组目的而进行的，它必须能为在那里的人们提供活动场所，满足他们的各种需求，同时对于身体不便的使用者还要给予特别的关注。

空间里的人员流线是室内设计的一个重要方面，如一位搞饭店设计的设计师可能得通过画交通流量图来确保饭馆的工作人员和客人能够在饭馆里安全而舒适地走动，从门口到餐桌，从厨房到餐桌，从餐桌到洗手间等等。

在所有的布局设计中，家具的周围都必须留出充足的空间，另外抽屉、窗户和橱柜的打开，或者门打开时转动的方向也全部要在这个设计过程中考虑周全。有时设计师会用家具的精心摆设来对一个较大空间里的区域进行划分。例如，位于意大利的 Golfo Gabella 湖畔胜地由 Simone Micheli 设计的餐桌的摆设，实现了厨房和起居室的分隔（图 1-14）。

图 1–14 意大利的 Golfo Gabella 湖畔胜地的餐桌的摆设

贮藏处是生活中重要的组成部分，设计师必须准确地规划出贮藏空间，确保所有的必需品都能够最有效率地得到存储而且容易取出使用。此外，屏风的引入能够使空间的划分更灵活。如图 1–15 所示，在这里淋浴室和厨房的门由一个滑动屏风构成。

图 1–15 滑动屏风

室内安全也是布局设计中的优先考虑项，根据常识，当空间的使用者有孩子或者老人时，设计师应该在这方面给予特别的关注。虽然对于家庭住宅室内设计的规划条例仍然有些模糊不清，但是对于公共区域，布局规划的法律条款已经相当健全。

实际上，灵活性的空间布局方法正在现代室内设计中发挥着越来越重要的作用。虽然仍然需要开放空间，使得光线和居住空间最大化，但是家庭或者工作环境里有时也需要一片谨慎、宁静之地，现在也已被广泛地理解。有时，设计师会寻求在不独立块区域的情况下，把它从一个较大空间中分离出来。他们通过小心地摆设家具或者安装四分之三高的带有小孔的矮墙实现这个目的，小孔既可让光线轻易渗透，又不影响隔开的两块区域之间的交流。不同空间还可通过地板和天花板的处理来给以限定。最近，东方设计理念中的可移动屏风或者滑动隔板也在西方室内设计中找到了一席之地。

设计师会使用各种错觉效果手段来增强室内的空间感，或者达到扩大小房间的目的。去除或者缩小某些细节能有助于扩大空间给人的感觉，比如形成棱角的檐口有时显得挤掉了空间的体积。相反地，由于小型家具、图画和灯具的排列经常会分散眼睛的注意力，在一间小屋里放置件超大尺寸的家具就往往能达到增强空间感的效果（图 1-16）。

图 1-16　小客厅放置大尺寸家具形成的空间感效果

在地板上安装轻量级的家具或者镶嵌玻璃板可进一步增加空间和光线。设计师可能还会使用灯光来缓和墙面与天花板之间的接合处，或者安装一面够不到天花板的液晶屏假墙，也可以达到同样目的。房间的高度同样能通过开放空间或者安装灯笼、采光屋顶、天窗等得到扩张。

镜子是设计师理想地调节空间感和光感的另一个工具。除了可以使用悬挂着的框镜，大副的镜面可以安装在护墙板和檐口或者相邻的墙壁之间或者壁炉架之上，从而反射图像，让空间生机盎然。

对于熟识设计原理的设计师来说，活用规则通常意味着寻找有效地模糊传统经典风格和现代主义或者东方风格之间的途径。经常可以见到的情况是：少即是多，设计得愈简单，就愈可获得忘我和满足的效果。这里就涉及屋内设施网的整合方法。在室内设计中，屋内设施网虽然隐身不可见，但它却是设计中的重要组成部分，不可忽视，如暖气的设置，室内电子通信服务的设置等。

常见的室内供暖类型包括配备汽油、煤气或者固体燃料锅炉的中央暖气系统，以及灌水暖气片（通常也提供生活热水）。此外，可供选择的还有复式锅炉、大型流动锅炉系统、蓄电式加热器、煤气燃烧、固体燃料燃烧、地下供暖系统、热风供暖、个别供暖（比如电暖炉）和太阳能光板等。

设置在地板下的供暖系统可使设计师在设计方案中避免暖气片的出现，现代暖气片设计本身可以被当成设计亮点来给予引进，比如这个位于柏林 Gleimstrasse 阁楼（图 1–17），它的设计者是哥拉夫特（Graft）。

图 1–17 柏林 Gleimstrasse 阁楼

科技的不断进步对室内设计师来说也是一项重要的挑战。他们的工作性质和职责受其影响都产生了相应的变化。紧随着科学进步的步伐，设计师不得不在接受传统室内设计培训之余，努力地跟最新的科技创新保持同步。这种努力是持续不断的，也是至关重要的，因为设计师可给自己的知识和设计资源充电，这样才有能力解决客户关于最新科技的运用问题，合理而满意地把最新的科技产品规划到房子的总体设计方案中去。对此预先布局十分关键，但设计师能清楚自身的局限，必要时寻求专家的帮助，也将对设计方案的合理规划起到重要作用。现在，不但电话机需要安装电话线路，而且传真、电子邮件和网络连通都必须依靠电话线。此外，其他高速数据电缆也可能必不可缺。现代社会中，许多人在家办公，凭借着先进的通信通道跟公司取得联系。这是另一个专业领域，虽然大多数情况下得依靠专业的科技人员来进行设计安装，但是涉及把这种专业通信设备整合到室内设计方案、管理缆线和克服人体工程学难题时，却是设计师义不容辞的职责。

在室内设计中，开关控制系统和保安系统不可或缺，许多客户会提出安装具有多重扬声器系统的家庭影院的要求，这样就涉及专业的安装技能和声学的谨慎处理。为了在不同的几个房间里都能看上电视节目，设计师需要采用跟主天线相连接的多重插座升压器；如果同时也安装卫星电视或者有线电视的话，那么每个译码器单元将需要配备专门的天线插座和电源供应。音响系统发出的声音也不再只在一个屋子里回响，美妙的音乐可贯穿整栋房屋，虽然特制的音响系统花销不少，但已经不再是幻想。

为家庭办公室设计时，室内设计师不但需要把各种专业设备整合到设计方案中，而且要迎接线缆管理和人体工程学等方面的挑战。弗莉希蒂比尔设计的这个位于伦敦的阁楼，办公室的空间可以利用一面折叠式屏障来实现完全隔绝（图 1–18）。

图 1–18 弗莉希蒂比尔设计的阁楼

家庭影院正变得越来越受欢迎，因此，设计师需要了解相关的科技发展状况和它们的安装方法（图 1–19）。

图 1–19 家庭影院设计

第四节 室内设计师的职业素养

室内设计师是指具备一定的美术基础，通晓室内设计相关的专业知识，掌握设计的技能，并取得相应的职业资格，专门从事室内设计的专业设计人员。

一、艺术与设计知识素养

（一）造型基础技能素养

造型基础技能包括手工造型（含设计素描、色彩、速写、构成、制图和材料成型等）、摄影摄像造型和电脑造型。

设计速写具有形象、快捷、方便等特点，它既可以对室内空间的形态予以快速地记录，又可以在记录的过程中对现有构思进行分析而产生新的构思。通过设计素描练习，可以加深对室内构造方式的认识。

制图技术包括工程制图与效果图的绘制。工程制图对于涉及三维的设计专业，如工业设计、建筑设计、展示设计等，都是必须掌握的一种技能。视图的表现形式可以将设计准确无误、全面充分地呈现出来，把信息传递给制造者或生产者。设计效果图形象逼真、一目了然，可以将设计对象的形态、色彩、肌理及质感的效果充分展现，使人有如见实物之感，是顾客调查、管理层决策参考的最有效手段之一。

摄影和摄像也是设计师应该具备的技能。一种是资料性的摄影摄像，可以为设计创作搜集大量图像资料，也可以记录作品供保存或交流之用。另一种是广告摄影摄像，这种摄影摄像本身就是一种设计，通过有效的摄影表现可以弥补其他表现形式的不足，也可以与其他的表现形式相互补充，充分利用现代媒体技术，以生动的、直观的视听形式，达到准确传递设计意图及有效的展示和宣传的力度。

模型制作能力，模型制作属于产品前期的一种模拟造型形式，是材料成型能力培养进行完整表达的一种有效方式。

（二）专业设计素养

作为一名室内设计师，首先应熟练掌握手绘的表现技法，其次还有相关的计算机软件的应用。当下计算机的辅助设计是每一个室内设计师必修的课程，它能客观地反映室内空间的尺寸、比例与结构。除此之外还包括模型制作，因为对于一些复杂的室内设计，仅靠图纸是不行的，还要制作相应的模型，以便于设计的进一步推敲以及同客户的沟通交流。

（三）设计理论知识素养

室内设计师需要综合考虑包括使用功能、技术和生产工艺、成本、消费市场等多方面的因素，需要了解一些新兴学科，如人体工程学、环境物理学、材料学等学科的相关理论知识。除此以外，设计师还应掌握的艺术与设计理论知识，主要有艺术史论、设计史论和设计方法论等；还要关注当代艺术设计的现状与发展趋势，这样才能开阔视野，扩展专业发展的道路。

二、创新技能与素养

设计师的创新既需要具备科学中求实、怀疑与批判的精神，还需要自主、独立品格、好奇心、想象力，以及知觉、感悟、灵感等形象思维。但创新设计远不止在于外观，而在于引导市场消费，提升人们的生活品质。

所谓设计就是要通过有效的工作改变设计对象本身，因此设计师需要具备一定的创造力。很多学者都对人的创造能力进行过研究，有些学者就提出了创造是一个连续不可分割的完整过程，是发现问题、解决问题的活动。通过比较发现，设计师所进行的设计过程与人的创造过程是何等的相似。但其中最大的差异是进行设计和创造的手段是截然不同的。设计的思维是全脑型的，使用的是视觉化的语言进行表达，设计的决定不仅表现在技术上，而且还表现在艺术上，可见设计决定的内涵更广。

三、团队合作技能与素养

为了维持良好的合作关系，设计师应该遵循下列原则。

平等原则，平等待人是建立良好人际关系的前提，没有平等的观念就不能与他人建立密切的人际关系，虽然我们在一个团队中担当的角色不同、责任不同、地位不同，但在人格上是平等的，平等的交往才能体现真诚，才能深交，这是我们最重要的交往原则。当然我们这里所指的设计师之间的交往关系是一个相对的关系，每个项目都有主持人，或者每个工程环节的负责人，在项目负责制这个社会背景下，设计人员应该尊重主持人的意见，但应该在集体中本着一致的利益而畅所欲言，所以平等的概念就变得很现实，负责项目的人对团队的合作负有更多的责任。

信用原则，对设计师来说，在团队合作中诚信很重要，缺少了这种诚信，在团队之中就会以个人利益为出发点去考虑彼此之间的合作。随着社会与经济的发展，设计师的信誉在工程项目中有着非常重要的作用，许多企业宁可和信用价值高的团队合作也不肯和屡次失信的团体交往。

互利原则，在设计师的交往中，互利原则是很重要的，它是一种激励机制，有互利才会互动。这种互利包括三个方面：首先是物质互利，每个设计师在自己的责任范围内去完成工作就应该获得相应的经济利益和荣誉。其次是精神互利，也就是说彼此在合作中能够在心理和情感上得到互补，合作成功就应该共同享有荣誉，所以我们认为互利是很重要的。最后是各自在不同的利益上得到平衡，你得物质我得荣誉。

相容原则，所谓相容，简单地说就是心胸宽广，忍耐性强，相容的品质是设计师修养的体现。在整个社会发展中，在专业市场竞争激烈的今天，在团队合作中要建立良好的合作关系，相容的原则是不可缺少的。许多世界上著名的设计大师都具有极强的相容性，具有一种宽容别人的态度，能对别人的意见充分倾听，对别人谦让,所以相容的能力往往是自信心很高的人,有能力的人,有修养的人。当然相容不是随波逐流,不是人云亦云,心中无主见。

总之,要成为一个室内设计师并不容易,而要成为一位成功的室内设计师就更加困难了。系统的专业教育不仅是为了培养合格的从业人员,更重要的是培养专业学习者具备较高的综合艺术素养和发展潜能,增强帮助业主发现问题、分析问题、解决问题的能力,并能探索和引领新的有益的生活方式。

第二章　传统室内设计风格样式

室内设计中不同的时代思潮和地区特点，经过设计师的创作构思和发展，逐渐发展成为具有代表性的室内设计风格样式，这就形成了室内设计的风格与流派。一般的，室内设计的风格和流派往往是和建筑、家具、绘画，甚至文学、音乐等流派紧密结合、相互影响的。

第一节　中国传统室内设计风格样式

中国传统风格的建筑与室内设计以汉族文化为核心，深受佛、道、儒三教的影响，具有鲜明的民族性和地方特色。中国传统风格的建筑以木建筑为主，主要采用梁柱式结构和穿斗式结构，充分发挥木材的性能，构造科学，构件规格化程度高，并注重对构件的艺术加工。中国传统风格的建筑与室内设计还注重与周围环境的和谐、统一，室内布局匀称、均衡，井然有序。

中国传统建筑的室内装饰，从结构到装饰图案均表现出端庄的气度和儒雅的风采，家具、字画和陈设的摆放多采用对称的形式和均衡的手法，这种格局是中国传统礼教精神的直接反映。中国传统室内设计常常巧妙地运用隐喻和借景的手法，努力创造一种安宁、和谐、含蓄而清雅的意境。这种室内设计的特点也是中国传统文化、东方哲学和生活修养的集中体现，是现代室内设计可以借鉴的宝贵精神遗产。

一、整体设计风格

中国传统室内设计艺术的风格大致可以从以下几个方面进行解读。

（一）室内外相融合

从环境整体上来分析，中国传统风格的室内设计与室外自然环境相互交融，形成内外一体的设计手法，设计时常以可自由拆卸的隔扇门分界。例如，室内的厅、堂及店铺等直接面对广场、街道、天井或院落；内部空间与外部空间之间通常有一个过渡空间（如民居屋前的廊子便是一个可以避雨、防晒、小憩和从事某些家务劳动的过渡空间）；通过挑台、月台等把厅、堂等内部空间直接延伸至室外；通过借景，包括“近借”与“远借”，或将外部的奇花异石等引入室内；或是通过合适的观景点，将远山、村野纳入眼帘。

（二）总体构图严整

中国传统风格的室内设计自古至今多左右对称，以祖堂居中，大的家庭则用几重四合院拼成前堂后寝的布置，即前半部居中为厅堂，是对外接应宾客的部分，后半部是内宅，为家人居住部分。内宅以正房为上，是主人住的，室内多采用对称式的布局方式，一般进门后是堂屋，正中摆放佛像或家祖像，并放些供品，两侧贴有对联，八仙桌旁有太师椅，桌椅上雕有花纹图案栩栩如生，风格古朴、浑厚。

（三）内部空间灵活

中国传统建筑以木结构为主要结构体系，用梁、柱承重，门、窗、墙等仅起维护作用，为灵活组织内部空间提供了极大的方便。

例如，内部环境常用屏风、帷幔或家具按需要分隔室内空间。屏风是介于隔断及家具之间的一种活动自如的屏障，是很艺术化的一种装饰，屏风有的是用木雕成，而且可以镶嵌珍宝珠饰，有的先做木骨，然后糊纸或绢等。

中国传统建筑的平面以“间”为单位，在以“间”为单位的平面中，厅、堂、室等空间可以占一间，也可以跨几间，在某些情况下，还可以在一间之内划分出几个室或几个虚空间，这就足以表明，中国传统建筑的空间组织是非常灵活的。中国传统建筑的这一特点，为建筑的合理利用、为丰富空间的层次、为形成空间序列和灵活布置家具提供了极大便利，也使内部空间因为有了许多独特的分隔物而更具装饰性。

（四）综合性的装饰陈设

中国传统的室内陈设汇集字画、古玩，种类丰富，无不彰显出中华悠久的文明史。中国传统的室内陈设善用多种艺术品，追求一种诗情画意的气氛，厅堂正面多悬横匾和堂幅，两侧有对联。堂中条案上以大量的工艺品作装饰，如盆景、瓷器、古玩等。

图 2–1　中国传统风格室内设计

（五）实用性的装饰形式

在中国传统建筑中，装饰材料主要以木质材料为主，大量使用榫卯结构，有时还对木构件进行精美的艺术加工。许多构件兼具结构功能和装饰意义，以隔扇为例。隔扇本是空间分隔物，但匠人们却赋予格心以艺术性，于是，便出现了灯笼框、步步锦等多种好看的形式（图 2–2）。再以雀替为例。雀替本是一个具有结构意义的构件，起着支撑梁枋、缩短跨距的作用，但外形往往被做成曲线，中间又常有雕刻或彩画等装饰，从而又有了良好的视觉效果（图 2–3）。

图 2–2　格心为冰纹的隔扇

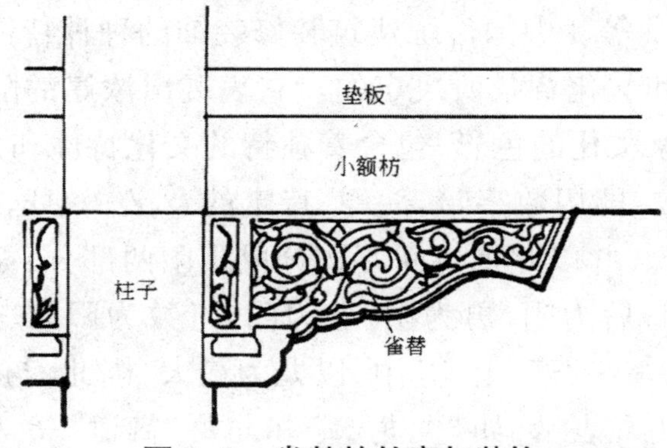

图 2–3　雀替的轮廓与装饰

(六)象征性的装饰手法

象征,是中国传统艺术中应用颇广的一种创作手法。按《辞海》“象征”条的解释,“就是通过某一特定的具体形象表现与之相似的或接近的概念、思想和情感”。在中国传统建筑的装修与装饰中,就常常使用直观的形象,表达抽象的感情,达到因物喻志、托物寄兴、感物兴怀的目的。

常用的手法有以下几种。

(1)形声,即用谐音使物与音义巧妙应和。如金玉(鱼)满堂、富贵(桂)平(瓶)安、连(莲)年有余(鱼)、喜(鹊)上眉(梅)梢等。在使用这种手法时,装饰图案是具象的,如“莲”和“鱼”,暗含的则是“连年有余”的意思。

(2)形意,即用形象表示延伸的而并非形象本身的意义。如用翠竹寓意“有节”,用松、鹤寓意长寿,用牡丹寓意富贵等。这种手法在中国传统艺术中颇为多见,绘画中常以梅、兰、竹、菊、松、柏等作为题材就是一个极好的例证。何以如此?让我们先看两句咏竹诗:“未曾出土先有节,纵凌云处也虚心”,原来,人们是把竹的“有节”和“空心”这一生物特征与人品上的“气节”和“虚心”作了异质同构的关联,用画竹来赞颂“气节”和“虚心”的人格,并用来勉励他人和自勉。

(3)符号,即使用大家认同的具有象征性的符号,如“双钱”“如意头”等。中国传统建筑装修装饰的种种特征,是由中国的地理背景和文化背景所决定的。它表现出浓厚的陆地色彩、农业色彩和儒家文化的色彩,包含着独特的文化特性和人文精神。

(4)崇数,即用数字暗含一些特定的意义。中国古代流行阴阳五行的观念,并以此把世间万物分成阴阳两部分,如日为阳、月为阴,帝为阳、后为阴,男为阳、女为阴,奇数为阳数、偶数为阴数等。在阳数一、三、五、七、九中,以九为最大,因此,与皇帝相关的装饰便常常用九表示,如“九龙壁”和九龙“御道”等。除此之外,还有许多用数字暗喻某种内容的其他做法,如在天坛祈年殿中,以四条龙柱暗喻一年有四季等。

总而言之，中国传统建筑室内设计与装修的上述特点，也是中国传统建筑室内设计与装修的优点，正是这些优点值得我们进一步发掘、学习和借鉴。

二、以中国古典园林室内设计中的家具陈设为例

中国古典园林室内设计中的家具陈设，是园林景观中不可缺少的组成部分。一座空无一物的亭轩、厅堂、楼阁，不仅不能满足园居实用的需要，而且也无任何园林景观欣赏的内容。因而，园林建筑内的家具陈设，它不是可有可无的附属物。事实上，古典园林中的家具陈设是最能体现中国园林浓重的文化气息和民族风格情趣的，它也是区别于西方园林建筑风格的重要依据。不同类型的园林风格，其家具设置与陈设也各不相同。皇家园林的家具，追求豪华，讲究等级，其风格是雍容华贵，体现“朕即一切”的皇家气派。私家园林的家具，追求素雅简洁，其风格是书卷韵味，体现读书人的文化氛围。宗教园林的家具追求整洁无华的品质，其风格是朴拙自然，体现僧尼的“与世无争”“一心向佛”的宗教氛围。面对式样繁多的家具陈设，在此不能一一列举，仅介绍几种常见的类型。

（一）桌、椅、凳类

1. 桌类

在园林家具中，桌有方桌、圆桌、半桌、琴桌及杂式花桌。

（1）方桌，最普遍的是八仙桌，一般安置于案前；其次是四仙桌、小方桌等。

（2）圆桌，按面积大小，有大型六足、小型四足之分；按形式，有双拼、四拼或方圆两用等，圆桌一般安置于厅堂正中间。

（3）半桌，顾名思义，只有正常桌面积的一半，有长短、大小、高矮、宽狭之不同。

（4）琴桌，比一般桌子较低矮狭小，多依墙而设，供抚琴而用，有木制琴桌和砖面琴桌两类。

（5）杂式花桌，有梅花形桌、方套桌、七巧板拼桌等。

各类桌子的桌面常用不同材料镶嵌，有的还可按季节特点进行更换，如夏季用大理石面，花纹典雅凝重，又有驱暑纳凉功能；冬季则宜以各种优质木料作板面，给人以温暖感。图 2–4 至图 2–7 是园林家具中各式各样的桌。

图 2–4　书桌

图 2–5　化妆桌

图 2–6　方桌

图 2–7　六角桌、凳

2. 椅类

椅有太师椅、靠背椅、官帽椅、扶手椅、圈椅、禅椅、玫瑰椅等。

（1）太师椅，在封建社会是最高贵的坐具，椅背形式中高侧低，如“凸”字形状，庄重大方；中间常嵌置圆形大理石，周体有精致的花式透雕。

（2）靠背椅，有靠背而无扶手，形体比较简单，常两椅夹一几，放在两侧山墙处，或其他非主要房间。

（3）官帽椅，除有靠背外，两侧还有扶手，式样和装饰有简单的，也有复杂的，常和茶几配合成套，一般以四椅二几置于厅堂明间的两侧，作对称式陈列。

图 2-8 至图 2-12 是园林家具中的各式椅。

图 2-8　太师椅

图 2-9　官帽椅

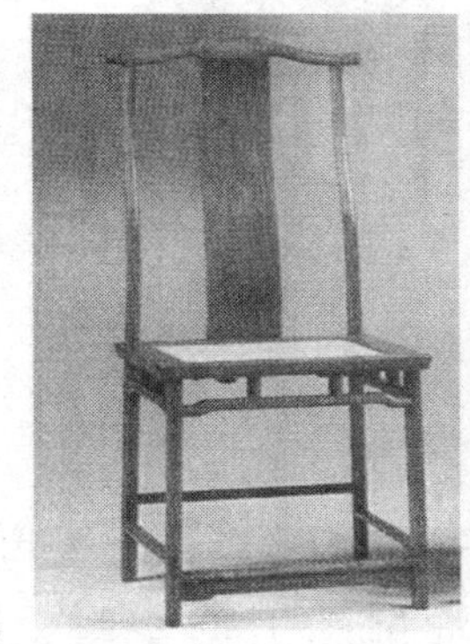

图 2-10　靠背椅

图 2-11　扶手椅

图 2-12　圈椅

在皇家园林内，还布置有供皇帝专用的宝座，体量庞大，有精致的龙纹雕刻。图 2-13 为故宫博物院的金漆蟠龙宝座

图 2-13　故宫博物院的金漆蟠龙宝座

3. 凳类

凳的样式极多，有方凳、圆凳等，尺寸大小各不一样。

（1）方凳，一般用于厅堂内，与方桌成套配置。

（2）圆凳，花式很多，有海棠、梅花、桃式、扇面等式，常与圆桌搭配使用，凳面也常镶嵌大理石（图 2–14）。圆凳中另有外形如鼓状的，有木制、瓷制、石制三种，瓷制的常绘有彩色图案花纹，多置放在亭、榭、书房和卧室中，凳上常罩以锦绣，故又名绣凳。

图 2–14　各式圆凳

（二）案、几类

1. 案

案，或称“条案”，狭而长的桌子，一般安置于厅堂正中间，紧依屏风、纱槅，左右两端常摆设大理石画插屏和大型花瓶。图 2–15、图 2–16 是园林家具中的各式案。

图 2–15　平头案

图 2–16　翘头案

2. 几

几分“茶几”“花几”两大类。

（1）茶几，分方形、矩形两种，放在邻椅之间，供放茶碗之用，其材质、形式、装饰、色彩、漆料和几面镶嵌，都要与邻椅一致。

（2）花几，高于茶几的小方形桌，供放置盆花之用，一般安放在条案两端旁、纱槅前两侧，或置于墙角。图 2–17 是园林家具中的各式花几。

图 2–17　各式花几

（三）橱、柜类

橱有书橱、镜橱、什锦橱、五斗橱等，柜有衣柜、钱柜、书画柜、玩物柜等，多设置于厅堂、书房及寝室内。图 2–18 为各式柜。

图 2–18　各式柜

(四)床、榻类

床,是寝室内必备的卧具,装饰多华丽而精致。皇家园林中常置楠木镶床,是一种炕床形式的坐具,位于窗下或靠墙,长度往往占据一个开间。图 2-19 为各式床。

图 2-19 各式床

榻,大如卧床,三面有靠屏,置于客厅明间后部,是古代园主接待尊贵客人时用的家具。榻上中央设矮几,分榻为左、右两部分,几上置茶具等。由于榻比较高大,其下设踏凳两个,形状如矮长的小几。图 2-20 为各式榻。

图 2-20 各式榻

除了以上列举的几大类家具外,还有衣架、镜台、烛台、梳妆台、箱笼、盆桶、盆匣之类。

家具的材质多用珍贵的热带出产的红木、楠木、花梨、紫檀等硬木,质地坚硬,木纹细致,表面光滑,线脚细巧,卯口榫精密,局部饰以精美的雕刻,有的还用玉石、象牙进行镶嵌。明代家具,造型简朴,构件断面多为圆形,模感十分舒适。清代家具用料粗重,精雕细刻出山水、花鸟、人物等花纹图案，造型比较烦琐。

（五）室内陈设

室内陈设种类繁多，主要有灯具、陈设品和书画雕刻等。

（1）灯具，有宫灯、花篮灯、什锦灯等，作为厅堂、亭榭、廊轩的上部点缀品。

（2）陈设品的种类繁多，单独放置的有屏风、大立镜、自鸣钟、香炉、水缸等；放古玩的多宝格，摆在桌几上的，有精美的古铜器、古瓷器、大理石插屏、古玉器、盆景等。

（3）书画雕刻，壁上悬挂书画，屋顶悬挂匾额，楹柱与壁画两侧悬挂对联，常聘请名家撰写，其书法、雕刻、色彩与室内的总体格调十分和谐。匾额多为木刻，对联则用竹、木、纸、绢等制成。竹木上刻字，有阴刻、阳刻两种，字体有篆、隶、楷、行等，颜色有白底黑字、褐底绿字、黑底绿字、褐底白字等。

图 2-21 至图 2-24 为各种室内陈设。

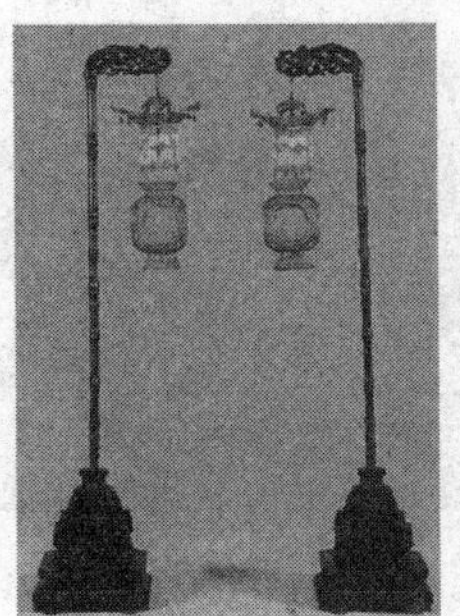

图 2-21　灯架

图 2-22　博古架

图 2-23　屏风

图 2-24　折屏

（六）家具陈设的基本原则

中国古典园林的家具陈设一般需遵循以下两个原则：实用性和成套性。

1. 实用性原则

实用性是中国古典园林家具陈设的首要原则。根据不同性质建筑的要求，应选用不同的家具。如厅堂，是园主喜庆宴享的重要活动场所，故选配的家具必然典雅厚重，并采取对称布局方式，以显示出庄严、隆重的气氛（图 2-25）。书斋内的家具，则较为精致小巧，常采取不对称布局，但主从分明，散而不乱，具有安逸、幽雅的情致（图 2-26）。小型轩馆的家具，少而小，常布置瓷凳、石凳之类，精雅清丽，供闲坐下棋、抚琴清谈、休憩赏景之用。

图 2-25　对称式布局

图 2-26　非对称式布局

2. 成套性原则

讲究成套布置是中国古典园林家具陈设的第二个重要原则。以“对”为主，二椅一几为组合单元，如增至四椅二几称为“半堂”，八椅四几称为“整堂”，亦即最高数额。在皇家园林中，更注意规格与造型的统一。

第二节　西方传统室内设计风格样式

西方室内设计涉及范围广泛，内容丰富多彩。古埃及、古希腊、古罗马、欧洲中世纪、欧洲文艺复兴时期、巴洛克与洛可可时期、19 世纪时期都产生了不少精美的作品，其影响力至今很大。

一、古埃及、古希腊、古罗马的室内设计风格

（一）古埃及室内设计风格

公元前 3000 年左右，古埃及开始建立国家。古埃及人制定出世界上最早的太阳历，发展了几何学、测量学，并开始运用正投影方式来绘制建筑物的平面、立面及剖面。古埃及人建造了举世闻名的金字塔、法老宫殿及神灵庙宇等建筑物，这些艺术精品虽经自然侵蚀和岁月洗礼，但仍然可以通过存世的文字资料和出土的遗迹依稀辨认出当时的规模和室内装饰的基本情况。

在吉萨的哈夫拉金字塔祭庙内有许多殿堂，供举行葬礼和祭祀之用。“设计师成功地运用了建筑艺术的形式心理。庙宇的门厅离金字塔脚下的祭祀堂很远，其间有几百米距离。人们首先穿过曲折的门厅，然后进入一条数百米长的狭直幽暗的甬道，给人以深奥莫测和压抑之感。”“甬道尽头是几间纵横互相垂直、塞满方形柱梁的大厅。巨大的石柱和石梁用暗红色的花岗岩凿成，沉重、奇异并具有原始伟力。方柱大厅后面连接着几个露天的小院子。从大厅走进院子，眼前光明一片，正前面出现了端坐的法老雕像和摩天掠云的金字塔，使人精神受到强烈的震撼和感染。”①

埃及神庙既是供奉神灵的地方，也是供人们活动的空间。其

① 陈易．室内设计原理[M]．北京：中国建筑工业出版社，2006

中最令人震撼的当推卡纳克阿蒙神庙(大约始建于公元前1530年)的多柱厅,厅内分16行密集排列着134根巨大的石柱,柱子表面刻有象形文字、彩色浮雕和带状图案。柱子用鼓形石砌成,柱头为绽放的花形或纸草花蕾。柱顶上面架设9.21m长的大石横梁,重达65吨。大厅中央部分比两侧高起,造成高低不同的两层天顶,利用高侧窗采光,透进的光线散落在柱子和地面上,各种雕刻彩绘在光影中若隐若现,与蓝色天花底板上的金色星辰和鹰隼图案构成一种梦幻般神秘的空间气氛。阵列密集的柱厅内粗大的柱身与柱间净空狭窄造成视线上的遮挡,使人觉得空间无穷无尽、变幻莫测,与后面光明宽敞的大殿形成强烈的反差。这种收放、张弛、过渡与转换视觉手法的运用,证明了古埃及建筑师对宗教的理解和对心理学巧妙应用的能力。

图2-27　古埃及卡纳克阿蒙神庙

(二)古希腊室内设计风格

古希腊被称为欧洲文化的摇篮,对欧洲和世界文化的发展产生了深远的影响。其中给人留下最深刻印象的莫过于希腊的神庙建筑。

希腊神庙象征着神的家,神庙的功能单一,仅有仪典和象征作用。它的构造关系也较简单,神堂一般只有一间或二间。为了保护庙堂的墙面不受雨淋,建筑者会在外增加一圈雨棚,其建筑样式变为周围柱廊的形式,所有的正立面和背立面均采用六柱式或八柱式，而两侧更多的却是一排柱式。希腊神庙常采用三种柱式：多立克柱式（Doric Order）、爱奥尼柱式（Ionic Order）、科林斯柱式（Corinthian Order）。

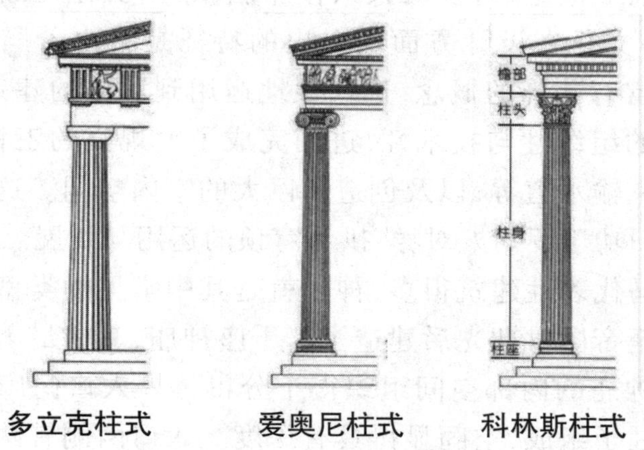

图 2-28　古希腊三种柱式

始建于公元前 447 年的雅典卫城帕提农神庙，是古希腊最著名的建筑之一。人们通过外围回廊，步过二级台阶的前门廊，进入神堂后又被正厅内正面和两侧立着的连排石柱围绕，柱子分上下两层，尺度由此大大缩小，把正中的雅典娜雕像衬托得格外高大。神庙主体分成两个不同大小的内部空间，以黄金比例 1∶1.618 进行设计。它的正立面也正好适应长方形的黄金比，这不能不说是设计师遵循和谐美的刻意之作。

图 2-29　古希腊帕提农神庙

（三）古罗马室内设计风格

公元前2世纪，古罗马人入侵希腊，希腊文化逐渐融入罗马文化，罗马文化在设计方面最突出的特征是将古希腊美学中舒展、精致、富有装饰的概念，选择性地运用到罗马的建筑工程中，强调高度的组织性与技术性，进而完成了大规模的工程建设，如道路、桥梁、输水道等，以及创造了巨大的室内空间。这些工程的完成首先归功于罗马人对券、拱和穹顶的运用与发展。

古罗马代表性建筑很多，神庙就是其中常见的类型。在罗马共和时期至帝国时期先后建造了若干座神庙，其中最著名的当属万神庙。神庙的内部空间组织得十分得体。入口门廊由前面八根科林斯柱子组成，空间显得具有深度。入口两侧有两个很深的壁龛，里面两尊神像起到了进入大殿前序幕的作用。圆形正殿的墙体厚达4.3m，墙面上一圈还发了八个大券，支撑着整个穹顶。圆形大厅的直径和从地面到穹顶的高度都是43.5m，这种等比的空间形体使人产生一种浑圆、坚实的体量感和统一的协调感。穹顶的设计与施工也很考究，穹顶分五层逐层缩小的凹形格子，除具有装饰和丰富表面变化的视觉效果之外，还起到减轻重量和加固的作用。阳光通过穹顶中央的圆形空洞照射进来，产生一种崇高的气氛。

图2–30　古罗马万神庙

图 2-31　古罗马万神庙内殿

二、中世纪室内设计风格

（一）中世纪教堂的兴起与发展

公元 313 年，罗马帝国君士坦丁大帝颁布了“米兰赦令”，彻底改变了历代皇帝对基督教的封杀令，公元 342 年基督教被奥多西一世皇帝奉为正统国教。全国各地普遍建立教会，教徒也大量增加，这时最为缺少的就是容纳众多教徒做祈祷的教堂大厅。过去的神庙样式也不太适应新的要求，人们发现曾作为法庭的巴西利卡会议厅比较符合要求，早期的教堂便在此基础上发展起来。其中，罗马的圣保罗大教堂、圣·萨宾教堂和圣·玛利亚教堂等就是巴西利卡式的教堂中保存最好的。

图 2-32　罗马圣保罗大教堂

图 2–33　罗马圣保罗大教堂内部

经过中世纪早期近 400 年的“黑暗时代”，公元 800 年查理曼在罗马加冕称帝，查理曼是一位雄心勃勃、思想开明的帝君，在他统治期间，文学、绘画、雕刻及建筑艺术都有很大发展，史学上把这种艺术启蒙运动新风格的出现称为“加洛林式”（Canolingian），表现在建筑艺术方面即所谓的“罗马风”。罗马风设计最易识别的元素是半圆形券和拱顶，现在的西欧各地都能看到那个时期在罗马风影响下建造的数以千计的大小教堂，甚至在斯堪的纳维亚半岛上的北欧地区，也有许多用木结构修建的罗马风格的小教堂，罗马风的威力不能小觑。

（二）中世纪世俗建筑风格

中世纪中期的世俗建筑主要是城堡和住宅。封建领主为了维护自己领地的安全、防御敌人的侵袭，往往选择险要地形，修建高大的石头城墙，并紧挨墙体修筑可供防守和居住的各种功能的塔楼、库房和房间。室内空间的分布随使用功能临时多变。为了抵风御寒，窗户开洞较小，大厅中央多设有烧火用的炉床（后来才演变为壁炉），墙内和屋顶有烟道，室内墙面多为裸石。往往依靠少量的挂件，如城徽、兽头骨、兵器和壁毯等作为装饰。室内家具陈设也都简单朴素，供照明用的火炬、蜡烛都放置在金属台或墙壁的托架上，不仅实用，同时也是室内空间的陈设物品。

(三)哥特式风格

公元12世纪左右,随着社会历史的发展与城市文化的兴起,王权进一步扩大,封建领主势力缩小,教会也转向国王和市民一边,市民文化在某种意义上来说改变了基督教。在西欧一些地区人们从信仰耶稣改为崇拜圣母。人们渴求尊严,向往天堂。为了顺应形势变化,也为了笼络民心,国王和教会鼓励人们在城市大量兴建能供更多人参加活动的修道院和教堂。由于开始修建这些教堂的地区的大多数市民为700多年前倾覆罗马帝国统治的哥特人,后来文艺复兴的艺术家便称这段时期的建筑形式为"哥特式建筑风格"。

1. 哥特式风格的特征

哥特式风格的特征主要表现在以下两个方面。

(1)艺术形式

高大深远的空间效果是人们对圣母慈祥的崇敬和对天堂欢乐的向往;对称稳定的平面空间有利于信徒们对祭台的注目和祈祷时心态的平和;轻盈细长的十字尖拱和玲珑剔透的柱面造型使庞大笨重的建筑材料失去了重量,具有腾升冲天的意向;大型的彩色玻璃图案,把教堂内部渲染得五色缤纷,光彩夺目,给人以进入天堂般的遐想。

(2)结构技术

中世纪前期教堂所采用的拱券和穹顶过于笨重,费材料、开窗小、室内光线严重不足,而哥特式教堂从修建时起便探索摒除以往建筑构造缺点的可能性。他们首先使用肋架券作为拱顶的承重构件,将十字筒形拱分解为"券"和"蹼"两部分。券架在立柱顶上起承重作用,"蹼"又架在券上,重量由券传到柱再传到基础,这种框架式结构使"蹼"的厚度减到20 ~ 30cm,大大节约了材料,减轻了重量,同时增加了适合各种平面形状的肋架变化的可能性。其次是使用了尖券。尖券为两个圆心划出的尖矢形,可以任意调整走券的角度,适应不同跨度的高点统一化。另外尖券还可减小侧推力,使中厅与侧厅的高差拉开距离,从而获得了高侧窗变长、引进更多光线的可能性。最后,使用了飞券。飞券立于大厅外侧,凌空越过侧廊上方,通过飞券大厅拱顶的侧推力便直接经柱子转移到墙脚的基础上,墙体因压力减少便可自由开窗,促成了室内墙面虚实变化的多样性。

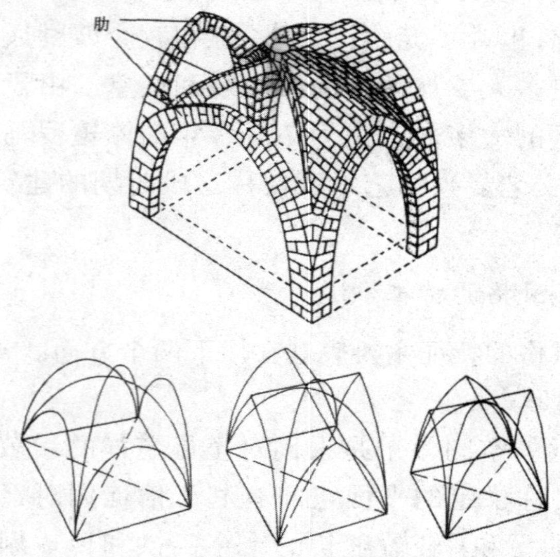

图 2-34　哥特式建筑的技术结构说明图例

2. 典型的哥特式建筑

最具代表性的哥特式建筑大多在法国,大致可分为三个阶段。

(1)早期和盛期哥特式

公元 1135—1144 年巴黎的圣丹尼斯修道院和公元 1163 年始建的巴黎圣母院,均是早期过渡到盛期的哥特式建筑代表,它们体现了应用尖券和肋骨发展演变的过程。法国盛期的哥特式建筑代表是亚眠圣母大教堂(约 1220—1288),中厅宽约 15m,高约 43m,内部充满了起伏交错的尖形肋骨和束柱状的柱墩,空间感觉高耸挺拔。

图 2-35　法国亚眠圣母大教堂

图 2-36　法国亚眠圣母大教堂内部

（2）辐射式时期

这一时期（1230—1325）彩色玻璃窗花格的辐射线已成为一种重要元素，许多主教堂的巨大玫瑰窗就是典型的辐射式，巴黎圣夏佩尔小教堂（约 1242—1248）的墙体缩小成纤细的支柱，支柱之间全是镶满彩色玻璃的长条形窗，创造了一个彩色斑斓的室内空间。

（3）火焰式时期

火焰式风格是指教堂唱诗班后面窗花格的形式呈火焰状，火焰式已成为法国哥特式晚期设计细部装饰复杂、精致甚至烦琐的一个代名词。

除法国之外，欧洲其他地区的哥特式教堂也大量涌现。建于 1328—1348 年德文郡的埃克塞特大教堂则是英国装饰式风格的实例，它的中厅为扇形肋组成的穹顶所控制，以簇叶式雕刻线为基础的装饰是这一时期的主要特征。

此外，德国的科隆大教堂（始建于 1270 年）、奥地利的圣斯芬教堂、比利时的图尔奈教堂、荷兰的圣巴沃大教堂以及西班牙的莱昂大教堂（始建于 1252 年）、巴塞罗那大教堂（始建于 1298 年）等都先后不同程度地受到法国哥特式建筑的影响。

三、文艺复兴运动时期的室内设计风格

（一）文艺复兴运动的历史背景

“文艺复兴”被认为是西方文化出现“现代”意识的开始，英国学者阿诺德·汤因比则提出是本土古典文化复兴的观点。从社会现象上，一种蔓延的人文主义思想逐渐占据上风，人权、乐观主义、享乐人生的观念渐渐越过宗教自我约束的界限，伟大的艺术家作为象征可以成为“文艺复兴”的代名词。这种在外来宗教深入影响数百年后产生了宗教影响前文化的复兴运动，这种生存者本体对古代文化的反溯，是为了找到一种同样根深蒂固的力量来改造已经固化的当前社会架构和体系，使社会的进步可以为人的生存和发展提供有效支持。

（二）文艺复兴时期的室内设计风格

欧洲的文艺复兴以对生存环境舒适和美的巨大扩展为主，呈现出一派繁荣景象。古罗马的柱式、建筑形态和装饰，成为新创作的灵感来源。文艺复兴时期建筑空间的功效、舒适和家具的使用范畴，都比中世纪有显著的提高。室内设计语言上，文艺复兴并非对古罗马的复制，而是在理解罗马建筑的基础上进行大胆地创作。

文艺复兴早期的室内设计有一个典型的特征就是将罗马拱券（半圆拱券）落在柱顶带一小段檐部的柱式上面，这种做法在早期基督教时期和拜占庭建筑中已经出现，但并非罗马风格的常规做法，在文艺复兴早期却成为典型特征。

随着对罗马建筑的深入理解，文艺复兴时期的建筑和室内设计呈现出更成熟自然的罗马气质，室内大量运用罗马建筑的语汇，壁柱、线脚、檐部特征，都被引入室内用作装饰，另外由于透视画法的进步，室内也常常采用绘画模仿表现进深的空间感和逼真的立体感。室内的细木镶嵌和石膏装饰线脚工艺越来越精致，对财富集聚下不断发展的商人新贵而言，恰好是满足其求新心理和显示身份的最佳手段。

晚期的文艺复兴走向了手法主义，在更自由的创造氛围中寻找突破传统的可能，如米开朗琪罗就是最具代表性的文艺复兴艺术家，他的室内设计往往雕塑感很强，寻找活泼并具有冲突感的个性创造。古典元素在手法主义设计师那里被非常规地应用，有时甚至是拥挤于一个空间中彼此冲突，设计师也喜爱运用绘画的方式制造空间的错觉，表现对古典语言变形、突破的渴望。

文艺复兴设计师从古典当中学会的最重要的设计原则，是严谨的比例所创造的和谐关系和美感，最具影响的文艺复兴建筑师帕拉迪奥就创造了创新古典的高雅内敛的审美情调，可以说是对古典主义更完整成功的回应。

室内重要的组成物——家具，在文艺复兴时期有较大的发展，一是种类增多，富裕人家喜好用各种家具装点陈设室内空间，椅子的品种和使用场合明显增加，雕花大衣柜继承前代传统成为更广泛意义上的身份财富象征物；二是家具的装饰越来越普及，雕刻镶嵌甚至绘画都被运用于增加家具的价值和美感。

（三）代表作品

1. 罗马圣彼得大教堂

罗马圣彼得大教堂是在旧的巴西利卡式的彼得教堂旧址上重新设计建造的新的圣彼得大教堂。经过设计竞赛，著名的画家、建筑师伯拉孟特的方案中标，该方案平面中厅为希腊十字形，近似正方形的四角分别有一个小十字空间，集中式的布局严格对称，具有纪念碑式的形象意义。该工程1506年动工，1514年伯拉孟特去世。此后的三十多年里，随着进步势力与保守势力的反复较量，设计方案也几经变动，直到1547年，教皇保罗三世才委任72岁高龄的米开朗琪罗主持圣彼得大教堂的工程设计。

图2–37　罗马圣彼得大教堂

2. 佛罗伦萨圣洛伦佐教堂

佛罗伦萨圣洛伦佐教堂建于1421—1428年，由著名设计师伯鲁乃列斯基设计。

图2–38　佛罗伦萨圣洛伦佐教堂

3. 佛罗伦萨市的育婴院

佛罗伦萨市的育婴院运用了大面积洁白的墙面、半圆形的连拱、优美的科林斯柱式，给人以轻盈爽朗、幽雅宁静的感觉。它完美地体现了人本主义的思想。

图 2–39 佛罗伦萨市的育婴院

4. 佛罗伦萨劳伦廷图书馆门厅

佛罗伦萨劳伦廷图书馆门厅始建于 1524 年，由米开朗琪罗设计。拥挤冲突的空间、独特的三角山花的假窗都是手法主义的典型特征。

图 2–40 佛罗伦萨劳伦廷图书馆门厅

5. 曼图亚的德尔特府邸巨人厅

曼图亚的德尔特府邸巨人厅建于 1525—1535 年，是文艺复兴手法主义大师朱利奥·罗马诺的作品，建筑的构件和细部被组织进画面，表现出一种对古典原则戏谑式地运用，带有舞台感。

图 2-41　曼图亚的德尔特府邸巨人厅

6.《钻研的圣奥古斯丁画像》

《钻研的圣奥古斯丁画像》（约 1502 年）表现了文艺复兴时期典型的室内设计，墙面带木质护墙板和线脚，门窗都带古典风格的线脚装饰，顶部呈方格藻井装饰，家具类型较中世纪多样化，椅子的运用比较常见。

图 2-42　钻研的圣奥古斯丁画像

四、巴洛克与洛可可室内设计风格

（一）巴洛克风格

"巴洛克"一词源于葡萄牙语（Barocco），意思是畸形的珍珠，这个名词最初略带贬义色彩。巴洛克建筑非常复杂，历来对它的评价褒贬不一，尽管如此，它仍造就了欧洲建筑和艺术的又一个高峰。

意大利罗马的耶稣会教堂被认为是巴洛克设计的第一件作品，其正面的壁柱成对排列，在中厅外墙与侧廊外墙之间有一对大卷涡，中央入口处有双重山花，这些都被认为是巴洛克风格的典型手法。另一位雕塑家兼建筑师贝尼尼设计的圣彼得大教堂穹顶下的巨形华盖，由四根旋转扭曲的青铜柱子支撑，具有强烈的动感，整个华盖缀满藤蔓、天使和人物，充满活力。

图 2-43　罗马耶稣会教堂内景

意大利的威尼斯、都灵以及奥地利、瑞士和德国等地都有巴洛克式样的室内设计。例如，威尼斯公爵府会议厅里的墙面上布满令人惊奇的富丽堂皇的绘画和镀金石膏工艺，给参观者留下强烈的印象。都灵的圣洛伦佐教堂，室内平立面造型比圣伊沃教堂的六角星平立面更为复杂，直线加曲线，大方块加小方块，希腊十字形、八边形、圆形或不知名的形状均可看到。室内大厅里装饰复杂的大小圆柱、方柱支撑着饰满图案的半圆拱和半球壁龛，龛内上下左右布满大大小小的神像、天使雕刻和壁画，拱形外的大型石膏花饰更是巴洛克风格的典型纹样。

16 世纪末，路易十四登基后，法国的国王更成为至高无上的统治者，法国文化艺术界普遍成为为王室歌功颂德的工具。王室也以盛期古罗马自比，提倡学习古罗马时期艺术，建筑界兴起了一股崇尚古典柱式的建筑文化思潮。他们推崇意大利文艺复兴时期帕拉第奥规范化的柱式建筑，进一步把柱式教条化，在新的历史条件下发展为古典主义的宫廷文化。

法国的凡尔赛宫和卢佛尔宫便是古典主义时期的代表之作，两宫内部的豪华与奢侈令人叹为观止。绘满壁画和刻花的大理石墙面与拼花的地面、镀金的石膏装饰工艺装饰的顶棚、大厅内醒目的科林斯柱廊和罗马式的拱券，都体现了古典主义的规则。除了皇宫，这个时期的教堂建筑有格拉斯教堂和最壮观的巴黎式穹顶教堂恩瓦立德大教堂，它的室内设计特点是穹顶上有一个内壳，顶端开口，可以通过反射光看见外壳上的顶棚画，而看不见上面的窗户，创造出空间与光的戏剧性效果。这种创新做法表明法国古典主义并不顽固，有人把它称作真正的巴洛克手法。

图 2-44　法国凡尔赛宫内景

（二）洛可可风格

同“巴洛克”一样，“洛可可”（Rococo）一词最初也含有贬义。该词来源于法文，意指布置在宫廷花园中的人工假山或贝壳作品。法国洛可可艺术设计新时期在艺术史上被称为“摄政时期”，奥尔良公爵的巴莱卢雅尔室内装饰就是一例，在那里看不见沉重的柱式，取而代之的是轻盈柔美的墙壁曲线框沿。门窗上过去刚劲的拱券轮廓被逶迤草茎和婉转的涡卷花饰所柔化。

由法国设计师博弗兰设计的巴黎苏俾士府邸椭圆形客厅是

洛可可艺术最重要的作品。客厅共有 8 个拱形门洞,其中 4 个为落地窗,3 个嵌着大镜子,只有 1 个是真正的门。室内没有柱的痕迹,墙面完全由曲线花草组成的框沿图案所装饰,接近天花的银板绘满了普赛克故事的壁画。画面上沿横向连接成波浪形,紧接着金色的涡卷雕饰和儿童嬉戏场面的高浮雕。室内空间没有明显的顶立面界线,曲线与曲面构成一个和谐柔美的整体,充满着节奏与韵律。三面大镜加强了空间的进深感,给人一种安逸、迷醉的幻境效果。

图 2-45 巴黎苏俾士府邸

英国从安妮女王时期到乔治王朝时期,建筑艺术早期受意大利文艺复兴晚期大师帕拉第奥的影响,讲究规矩而有条理,综合了古希腊、古罗马、意大利文艺复兴时期以及洛可可的多种设计要素,演变到后期形成了个性不明朗的古典罗马复兴文化潮流,其代表作有伦敦郊外的柏林顿府邸和西翁府邸。他们的室内装饰从柱式到石膏花纹均有庞培式的韵味。乔治时期的家具陈设很有成就,各种样式和类型的红木、柚木、胡桃木橱柜、桌椅以及带柱的床,制作精良;装油画和镜片的框子,采线和雕花也都十分考究;窗户也都采用帐幔遮光;来自中国的墙纸表达着自然风景的主题。室内的大件还有拨弦古钢琴和箱式风琴,其上都有精美的雕刻,往往成为室内的主要视觉元素。

中世纪后期的西班牙,宗教裁判所令人胆寒,建筑装饰艺术风格也异常的严谨和庄重。直到 18 世纪受其他地区巴洛克与洛可可风格的影响，才出现了西班牙文艺复兴以后的“库里格拉斯科”（ChurriGueresco）风格，这种风格追求色彩艳丽、雕饰烦琐、令人眼花缭乱的极端装饰效果。格拉纳达的拉卡图亚教堂圣器收藏室就是其典型代表。它的室内无论柱子或墙面，无论拱券和檐部均淹没于金碧辉煌的石膏花饰之中，过分繁复豪华的装饰和古怪奇特的结构，形成强烈的视觉冲击和神秘气氛。

18 世纪中期的美国追随欧洲文艺复兴的样式，用砖和木枋来建造城市住宅，称为“美国乔治式住宅”。这一类住宅一般2～3层，成联排式样。从前门进入宽大的中央大厅，由漂亮的楼梯引向二层大厅。门厅两边有客房和餐厅，楼上为卧室，壁炉、烟囱设在墙的端头，厨房和佣人房布置在两翼。室内装修多以粉刷墙和木板饰面，富裕一些的家庭则在门、窗、檐口一带做木质或石膏的刻花线。壁炉框及画框都用欧洲古典细部装饰，还有的喜欢在一面墙上贴中国式的壁纸，大厅地面多为高级木板镶拼，铺一块波斯地毯，显示主人的优越地位。费城的鲍威尔住宅就是一个典型的代表作。

五、19 世纪室内设计风格

18 世纪末到 19 世纪中叶，随着欧洲国家政治、经济、文化的进步与发展，在建筑艺术领域，浪漫主义、新古典主义（希腊复兴、哥特复兴）、折中主义是几个主要的潮流。作为一种理念和样式，它们在不同的地区、不同的时候，有区别地表现着自己。各种“主义”之间既相互排斥又相互渗透，从历史的足迹来看，各个主义都留下了值得炫耀的作品。

（一）新古典主义风格

在 18 世纪中期，新古典主义与巴洛克在法国几乎是并存发展的。进入 19 世纪后，继续有力地影响着法国，特别是在 1804 年拿破仑称帝之后，为了宣扬帝国的威力、歌颂战争的胜利，也为他自己竖立纪念碑，在国内大规模地兴建纪念性建筑，对19世纪的欧洲建筑影响很大。这种帝国风格的建筑往往将柱子设计得特别巨大，相对开间很窄，追求高空间的傲慢与威严。具有代表性的建筑有巴黎的圣日内维夫教堂（又名“万神庙”，建于1756—1789）和玛德莱娜教堂（又名“军功庙”，建于1804—1849）。这些建筑大厅内均有高大的科林斯柱子支撑着拱券，山花和帆拱的运用正是罗马复兴的表现，图案和雕刻分布合理，体现了罗马时期建筑的豪华而不奢侈，表现出一种冷漠的壮观。

图2–46　巴黎玛德莱娜教堂

新古典主义在与法国为敌的英国以及德国、美国一些地方则表现为希腊复兴。他们认为古希腊建筑无疑是最高贵的，具有纯净的简洁特征，其代表作有英国伦敦大英博物馆和爱丁堡大学，德国柏林博物馆和宫廷剧院，美国纽约海关大厦（现为联邦大厦）。这些建筑模仿希腊较为简洁的古典柱式，追求雄浑的气势和稳重的气质。

图2–47　英国伦敦大英博物馆

(二)浪漫主义风格

浪漫主义兴起于18世纪下半叶的英国。浪漫主义在艺术上强调个性,提倡自然主义,反对学院派古典主义,追求超凡脱俗的中世纪趣味和异国情调。19世纪30到70年代是浪漫主义风格发展的第二阶段,此时浪漫主义已发展成颇具影响力的潮流,它提倡造型活泼自然、功能合理适宜、感觉温情亲切的设计主张,强调学习和模仿哥特式的建筑艺术,又被称为“哥特式复兴”。其主要代表作品有1836年始建的英国伦敦议会大厦、l846年始建的美国纽约圣三一教堂、林德哈斯特府邸。在这些实例中都能看到哥特式的尖券和扶壁式的半券,彩色玻璃镶嵌的花窗图案仍然是那样艳丽动人。

图2-48 美国纽约圣三一教堂

(三)折中主义风格

进入19世纪,随着科学技术的进步,人们能更快、更多地了解历史的、当前的、各地的文化艺术成果。有人主张选择在各种主义、方法或风格中看起来是最好的东西,于是设计师根据业主的喜爱,从古典到当代、从西方到东方、从丰富的资料中选择讨好的样式糅合在一起,从而形成了一种新的设计风格——折中主义。折中主义作为一种思潮有其市场，但最可悲的是他们更多地依赖于传统的样式，过多的细节模仿妨碍了对新风格的探索与创造。

(四)工业革命时期的室内设计风格

18世纪末到19世纪初是西方工业革命的发展时期。世界工业生产的发展与变化给室内设计带来了新意。早期工业革命对室内设计的影响，其技术性大于美学性。用于建筑内部的钢架构件有助于获取较大的空间；由蒸气带动的纺织机、印花机生产出大量的纺织品，给室内装饰用布带来更多的选择。

19世纪中期，钢铁与玻璃成为建筑的主要材料，同时也给室内设计创造出历史上从未有过的空间形式。1851年，约瑟夫·帕克斯顿为举办首届世界博览会而设计的“水晶宫”更是将铸造厂里预制好的铁构架、梁架、柱子运到现场铆栓装配，再将大片的玻璃安装上去，形成巨大的透明的半圆拱形网架空间。另外，结构工程师埃菲尔设计了著名的铁塔和铁桥，也设计了巴黎廉价商场的钢铁结构，宏大的弧形楼梯和走道与钢铁立柱支撑的玻璃钢构屋顶，创造出开敞壮观的中庭空间。

图2-49　水晶宫内景

（五）维多利亚时期的室内设计风格

维多利亚设计不是一种统一的风格，而是欧洲各古典风格折中混合的结果。维多利亚风格更多地表现在室内设计与工业产品的装饰方面，它以增加装饰为特征，有时甚至有些过度装饰。究其原因，大概与手工艺制作的机器化、模具化生产有关，雕刻与修饰不再像以前纯手工艺制作那样艰难，许多样式的生产只需按图纸批量加工便可。借用与混合是维多利亚式创作与设计的主要手段。

（六）工艺美术运动下的室内设计风格

19 世纪下半叶，设计界出现了一股既反对学院派的保守趣味，又反对机械制造产品低廉化的不良影响的有组织的美学运动，称为“工艺美术运动”。这场运动中最有影响的人物是艺术家兼诗人威廉·莫里斯，他信奉拉斯金的理论，认为真正的艺术品应是美观而实用的，提出“要把艺术家变成手工艺者，把手工艺者变成艺术家”的口号。他主要从事平面图形设计，如地毯（挂毯）、墙纸、彩色玻璃、印刷品和家具设计。他的图案造型常常以自然为母题，表达出对自然界生灵的极大尊重，他的设计风格与维多利亚风格类似，但相对来说更为简洁、高贵和富于生机。

（七）新艺术运动下的室内设计风格

19 世纪晚期，欧洲社会相对稳定和繁荣，当工艺美术运动在设计领域产生广泛影响的同时，在比利时布鲁塞尔和法国一些地区开始了声势浩大的新艺术运动。与此同时在奥地利也形成了一个设计潮流的中心，即维也纳分离派；法国和斯堪的纳维亚国家也出现一个青年风格派，可以看作是新艺术运动的两个分支。新艺术运动赞成工艺美术运动对古典复兴保守、教条的反叛，认同对技艺美的追求，但却不反对机器生产给艺术设计带来的变化。

新艺术运动在欧美不仅对建筑艺术，还对绘画、雕刻、印刷、广告、首饰、服装和陶瓷等日常生活用品的设计产生了前所未有的影响。这种影响还波及亚洲和南美洲，它的许多设计理念持续到20世纪，为早期现代主义设计的形成奠定了理论基础。

第三章　现代室内设计风格样式

伴随着高速的经济发展，工业和科技水平的不断进步，室内设计迎来了高速的发展契机，本章结合该契机，在传统室内设计的基础之上，探讨中西方现代室内设计风格样式。

第一节　中国现代室内设计风格样式

一、中国近现代室内设计风格

（一）中国近代室内空间的发展

早在清乾隆年间，圆明园就已经有了西洋式建筑群，属于意大利巴洛克建筑风格，只可惜现在只能从历史资料和现存残迹中想象当年的盛况。1840 年以后，外国租界区的形成，西方建筑及室内设计思想广泛传播，促成了中国传统建筑及室内设计的转型。

西方宗教的传入，教会建筑的兴建主要是移植了西方教堂风格，室内普遍采用哥特复兴风格和罗马风格。各主要城市的领事馆建筑大都以外廊式的殖民地风格为主。商贸活动才是西方建筑及室内设计思想的主要传播渠道。殖民式风格、折中主义风格，装饰艺术风格、现代主义风格纷至沓来。

从近代开始，人们一直有一种将西方的物质文明和中国的精神文明相结合的理想。进入 20 世纪后，设计师们开始了对西方文化优越性的反思，一大批有着海外留学经验的建筑设计师，开始倡导民族复兴运动，中国近代建筑和室内设计出现了中式风格的传统复兴。杨廷宝、吕彦直、梁思成、关颂声、赵深、范文照、陈植、林克明都是这一时期的代表人物。

（二）中国现代以来室内空间的发展

从 1952 年开始，为适应新的社会主义计划经济体制，国家开始对建筑领域的各项体制进行大规模调整。同济大学等 8 所院校开设土木建筑专业，成为新中国建筑教育事业的中坚。国营建筑企业成立，自主生产建筑材料。建筑设计院成立，室内设计由建筑师作为建筑设计的一部分来完成，当时室内设计主要以满足基本的使用功能为原则。1958 年 9 月，为迎接新中国成立 10 周年，中央决定在北京建设包括人民大会堂等在内的 10 个大型公共建筑项目，被人们称为十大建筑。这十大建筑工程的实践，使我国第一代室内设计工作者得到了充分的学习和锻炼，推动了室内设计专业的发展。

改革开放以后，西方现代设计思潮再次涌入国内，我国室内设计专业重新走上正确发展的轨道，室内设计风格的发展和演变也迎来了又一高潮，呈现出多元化发展的趋势。室内设计最早是受港台的影响，波及广东深圳等地，继而北京、上海、江浙一带的装饰行业发展迅猛，发展至全国。这个历史性、跨越式的发展，依循的是一条“从南向北，自东及西，继而向内地、向西部辐射”的发展轨迹，也恰是我国经济实力的布局图。

二、中国当代室内设计的发展趋势

（一）可持续发展

室内设计的可持续发展，[①]可概括为“双健康原则”和“3R 原则”。

所谓双健康，即人的健康和自然的健康。设计师在设计中应该广泛采用绿色材料，保障人体健康；同时要注意与自然的和谐，减少对自然的破坏，保持自然的健康。

3R 原则，即 Reduce，Reuse，Recycle。就是指减小各种不良影响、再利用和循环利用。希望通过这些原则的运用，实现减少对自然的破坏、节约能源资源、减少浪费的目标。

（二）以人为本

我国古代对以人为本的论述，早已存在，[②]具体可列举如下。

《素问·宝命全形》：“天地合气，命之曰人。”

《素问·宝命全形》：“天覆地载，万物悉备，莫贵于人。”

《荀子·王制》：“水火有气而无生，草木有生而无知，禽兽有知而无义，人有气有生有知有义，故最为天下贵也。”

在室内设计中，首先应该重视的是使用功能的要求，其次就是创造理想的物理环境，在通风、制冷、采暖、照明等方面进行仔

① “可持续发展”（sustainable development）的概念形成于 20 世纪 80 年代后期，1987 年在名为《我们共同的未来》（Our Common Future）的联合国文件中被正式提出。尽管关于“可持续发展”概念有诸多不同的解释，但大部分学者都承认《我们共同的未来》一书中的解释，即“可持续发展是指应该在不牺牲未来几代人需要的情况下，满足我们这代人的需要的发展。这种发展模式是不同于传统发展战略的新模式。”文件进一步指出：“当今世界存在的能源危机、环境危机等都不是孤立发生的，而是由以往的发展模式造成的。要想解决人类面临的各种危机，只有实施可持续发展的战略。”

② 据考古研究，我国殷商甲骨文中就有“中商”“东土”“南土”“西土”“北土”之说，可见当时殷人是以自我本土为“中”，然后再确定东、南、西、北诸方向的。这种以自我为中心、然后向四面八方伸展开去的思想，充分显示出人对自我力量的崇信，象征着人的尊严。

细的探讨，然后还应该注意到安全、卫生等因素。在满足了这些要求之外，还应进一步注意到人们的心理情感需要，这是在设计中更难解决也更富挑战性的内容。

（三）多元并存

20 世纪 60 年代以来，西方建筑设计领域与室内设计领域发生了重大变化，[①] 多元的取向、多元的价值观、多样的选择正成为一种潮流，人们提出要在多元化的趋势下，重新强调和阐释设计的基本原则，于是各种流派不断涌现，此起彼落，使人有众说纷纭、无所适从之感。当下流行的观点，可总结为：现代与后现代，技术与文化，内部与外部，使用功能与精神功能，客观与主观，感性与理性，逻辑与模糊，限制与自由，现实与理想，当代与传统，本国与外国，共性与个性，自然与人工，群体与个体，实施与构思，粗犷与精细等。这些观点及主张，是非很难定论。

当今的室内设计从整体趋势而言亦是如此，正是在不同理论的互相交流、彼此补充中不断前进，不断发展。当然，就某一单项室内设计而言，则应根据其所处的特定情况而有所侧重、有所选择，其实这也正是使某项室内设计形成自身个性的重要原因。

（四）环境整体性

“环境”并不是一个新名词，但环境的概念被引入设计领域的历史则并不太长。对人类生存的地球而言，可以把环境分成三类，即自然环境、人为环境和半自然半人为环境。对于室内设计师来讲，其工作主要是创造人为环境。当然，这种人为环境中也往往带有不少自然元素，如植物、山石和水体等。如果按照范围的大小来看，又可以把环境分成三个层次，即宏观环境、中观环境和微

① 现代建筑的机器美学观念不断受到挑战与质疑，理性与逻辑推理遭到冷遇，强调功能的原则受到冲击。

观环境，它们各自又有着不同的内涵和特点。[①]

（五）尊重历史

尊重历史的设计思想要求设计师在设计时尽量通过现代技术手段，把时代感与历史文脉有机地结合起来，使古老传统重新活跃起来，力争把时代精神与历史文脉有机地熔于一炉。这种设计思想在室内设计领域往往表现得更为详尽。特别是在生活居住、旅游休息和文化娱乐等室内环境中，带有乡土风味、地方风格、民族特点的内部环境往往比较容易受到人们的欢迎，因此室内设计师亦比较注意突出各地方的历史文脉和各民族的传统特色。

（六）注重旧建筑的再利用

广义上，凡是使用过一段时间的建筑都可以称作旧建筑，其中既包括具有重大历史文化价值的古建筑、优秀的近现代建筑，也包括广泛存在的一般性建筑，如厂房、住宅等。其实，室内设计与旧建筑改造有着非常紧密的联系。从某种意义上可以说，正是由于大量旧建筑需要重新进行内部空间的改造和设计，才使室内设计成为一门相对独立的学科，才使室内设计师具有相对稳定的业务。

同其他类型的旧建筑一样，在产业建筑再利用中也应该注意“整旧如旧”或“整旧如新”的选择问题。目前不少设计者偏向于采用“整旧如旧”的表现方法，希望保持历史资料的原真性和可读性。

① 宏观环境范围和规模非常大，内容常包括太空、大气、山川森林、平原草地、城镇及乡村等，涉及的设计行业常有国土规划、区域规划、城市及乡镇规划、风景区规划等。中观环境常指社区、街坊、建筑物群体及单体、公园、室外环境等，涉及的设计行业主要包括城市设计、建筑设计、室外环境设计、园林设计等。微观环境一般常指各类建筑物的内部环境，涉及的设计行业常包括室内设计、工业产品造型设计等。

图 3-1　废旧厂房的改建

（七）室内空间的动态设计

在当前流行极少主义风格的同时，也非常强调内部空间的动态设计。内部空间的动态设计其实早有提及，清代学者李渔就曾提出了“贵活变”的思想，建议不同房间的门窗应该具有相同的规格和尺寸，但可以设计成不同的题材和花式，以便随时更换和交替。时至今日，建筑物的功能日趋复杂，人们的审美要求日益变化，室内装饰材料和设备日新月异，新规范新标准不断推出……这些都导致建筑装修的“无形折旧”更趋突出，更新周期日益缩短。①

动态设计一方面要求设计师树立更新周期的观念，在选材时反复推敲，综合考虑投资、美观和更新的因素，谨慎选择非常耐用的材料。另一方面也要求设计师尽量通过家具、陈设、绿化等内含物进行装饰，增加内部空间动态变化的可能性。因此，目前室内设计中表现出简化硬质界面上的固定装饰处理，主张尽可能通过内含物美化空间效果的趋势。

① 据统计，我国不少餐馆、美发厅、服装店的更新周期在 2 ~ 3 年，旅馆、宾馆的更新周期在 5 ~ 7 年。随着竞争机制的引入，更新周期将有进一步缩短的可能性。因此关注动态设计成为当代室内设计的一大趋势。

第二节　西方现代室内设计风格样式

一、现代主义

20世纪初，工业化及其所依赖的工业技术为人们的生活带来了巨大的变化，如生活中电话、电灯的使用，旅行中轮船、火车、汽车和飞机的采用，结构工程中钢和钢筋混凝土材料的运用等等。纵观人类历史，过去手工劳动是主要的生产方式，而当时已经很少有手工产品了，工厂生产的产品也越来越标准化，于是人们在艺术、建筑领域中更加感觉到：历史上一直遵循的传统与这个现代世界的距离越来越远了。

现代主义运动希望提出一种适应现代世界的设计语汇，这种运动涉及所有艺术领域，如绘画、雕塑、建筑、音乐与文学。在建筑设计领域有四位人物被认为是“现代运动”的先驱和发起人——欧洲的沃尔特·格罗皮乌斯、密斯·凡·德罗、勒·柯布西耶和美国的弗兰克·劳埃德·赖特，这四位大师既是建筑师，但同时又都活跃于室内设计领域。

（一）格罗皮乌斯及其设计

1919年，格罗皮乌斯出任魏玛“包豪斯”（Bauhaus）校长，在包豪斯宣言中，他倡导艺术家与工匠的结合，倡导不同艺术门类之间的综合。

1925年，“包豪斯”迁至工业城市德绍，由格罗皮乌斯设计了新的校舍。包豪斯校舍于1926年竣工，这是一组令人印象深刻的建筑群，无论平面布局还是立面表达都体现了包豪斯的理念。复杂组群中最显著的部分是用作车间的四层体块，在这里学生们能进行真正的实践，各种材料均在这些车间中生产。包豪斯校舍引人注目的外观来自车间建筑三层高的玻璃幕墙、其他各翼朴素的不带任何装饰的白墙、墙面上开着的条形大窗以及宿舍外墙上突出的带有管状栏杆的小阳台。

“包豪斯”校舍设计(图 3-2、图 3-3)强调功能决定形式的理念,建筑的平面布局决定建筑形式,这是对传统的巨大冲击,影响十分深远。“包豪斯”的室内非常简洁,并且功能与外观有着直接的关联。格罗皮乌斯主持的校长办公室室内设计引人注目,表现出对线性几何形式的探索。

图 3-2　包豪斯校舍外景

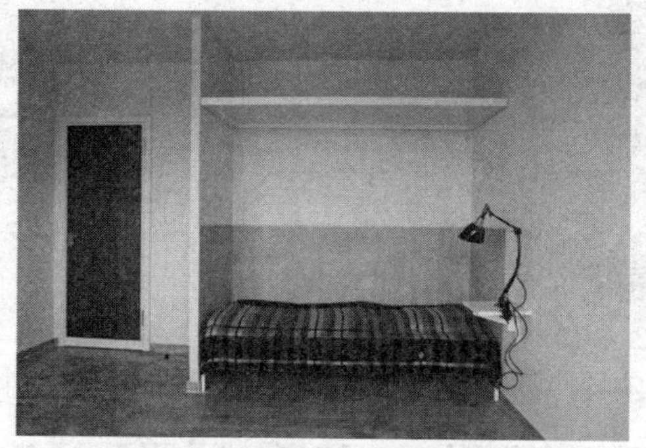

图 3-3　包豪斯校舍的室内设计

(二)密斯·凡·德罗及其设计

密斯·凡·德罗是一个真正懂得现代技术并熟练地应用了现代技术的设计师,他的作品比例优美,讲究细部处理。密斯善于把他人的创作经验融会到自己的建筑语言中去,追求表达永恒的真理和时代精神。

1913年，密斯·凡·德罗在柏林创办了自己的事务所。1927年，作为德意志制造联盟副主席的密斯主持了斯图加特国际住宅博览会。当时现代运动的许多领袖，包括格罗皮乌斯与勒·柯布西耶，都被邀请设计某些样板住宅，密斯则设计了展览会中最大的住宅。这是一座高三层、有屋顶平台的公寓住宅，具有光面白墙和宽阔带形长窗等国际式建筑的典型特征。室内简洁朴素的特征清楚地表明了密斯的名言——“少就是多”，色彩和各种材料的纹理成为唯一的装饰元素。

密斯的另一个代表作是1929年巴塞罗那博览会中的德国展览馆(图3–4、图3–5)。巴塞罗那馆是一座发挥钢和混凝土性能的建筑，它的结构方式使墙成为自由元素——它们不起支撑屋顶的作用，室内空间可以自由安排。这个作品凝聚了密斯风格的精华和原则：水平伸展的构图、清晰的结构体系、精湛的节点处理、高贵而光滑材料的使用、流动的空间、“少就是多”的理念等等。

图3–4　巴塞罗那博览会中的德国展览馆外景

图3–5　巴塞罗那博览会中的德国展览馆内景

（三）勒·柯布西耶及其设计

勒·柯布西耶是一位对后代建筑师产生重大影响的现代主义大师。早在1914年，勒·柯布西耶在他提出的“多米诺”体系中，就已经把建筑还原到最基本的水平和垂直的支撑结构以及垂直交通构件上，这样就为室内空间的营造提供了最大限度的自由。

巴黎近郊的萨伏伊别墅（图3–6、图3–7）是勒·柯布西耶最著名、最有影响力的作品之一。在室内设计中，没有任何多余的线脚与烦琐的细部，强调建筑构件本身的几何形体美以及不同材质之间的对比效果；内部空间用色以白为主，辅以一些较为鲜艳的色彩，追求大的色彩对比效果，气度大方而又不失活泼；内部的家居与陈设也突出其本身的造型美和材质美，强化了建筑的整体感，使之成为一个完美的艺术品。该住宅同格罗皮乌斯设计的包豪斯校舍、密斯设计的巴塞罗那德国馆一起成为20世纪最重要的建筑之一，标志着现代建筑的发展方向。

图3–6　萨伏伊别墅外景

图3–7　萨伏伊别墅室内设计

（四）弗兰克·劳埃德·赖特及其设计

赖特是 20 世纪的另一位大师，是美国最重要的建筑师，在世界上享有盛誉。赖特一生设计了许多住宅和别墅，他的一些设计手法打破了传统建筑的模式，注重建筑与环境的结合，提出了“有机建筑”的观点。

赖特最具代表性的作品当属流水别墅（图 3-8、图 3-9），这是 1936 年为考夫曼家庭建造的私人住宅。建筑高架在溪流之上，与自然环境融为一体，是现代建筑中最浪漫的实例之一。流水别墅共三层，采用非常单纯的长方形钢筋混凝土结构，层层出挑，设有宽大的阳台，底层直接通到溪流水面。未装饰的挑台和有薄金属框的带形窗暗示了设计者对欧洲现代主义的认识。流水别墅的室内空间设有自然石块和原木家具，非常强调与户外景观的联系，达到内外一体的效果。

图 3-8　流水别墅外景

图 3-9　流水别墅室内设计

（五）现代主义的发展

第二次世界大战期间，原材料的匮乏使现代主义风格面临挑战，但同时又创造了机会。战争期间只能提供最普通、最粗糙的原料，但这反而促成了现代主义风格的大众化，更能体现出它最基本的特征。

二战前夕，现代主义大师们从欧洲迁往美国，他们不仅把现代主义的中心移到了美国，更重要的是在美国兴建学院，培养了一批设计新人。1937 年，格罗皮乌斯出任哈佛大学设计研究生院院长，传播包豪斯思想。1938 年，密斯被聘为伊利诺伊理工学院建筑系主任。二战结束后，西方国家进入经济恢复时期，建筑业迅猛发展，现代主义的观念开始被普遍接受。

格罗皮乌斯的教学纲领强调功能主义，强调空间的简单与明晰，强调视觉上的质感与趣味性。1948—1951 年，芝加哥湖滨路高层公寓的设计与建立，圆了密斯早期的设计摩天大楼之梦。1954—1958 年，他又设计完成著名的纽约西格拉姆大厦。密斯的成功标志着国际式风格在美国开始被广泛接受。美国最著名的设计事务所 SOM 于 1952 年设计了纽约的利华大厦，这是对密斯风格的一个积极响应。密斯风格已经成为从小到大、从简到繁的各类建筑都能适用的风格，而且它古典的比例、庄重的性格、高技术的外表也成为大公司显示雄厚实力的媒介，使战后的现代主义建筑不仅能有效地解决劳苦大众的居住问题，还能表达社会上流的身份与地位，甚至表达国家的新形象。

匡溪学派的核心由在 20 世纪 30 年代在匡溪艺术学院（也可译作克兰布鲁克艺术学院）执教或就学的依姆斯、小沙里宁、诺尔、伯托亚、魏斯等人组成。这个学派崭露头角于 1938 至 1941 年间，在纽约现代艺术博物馆举办的“家庭陈设中的有机设计”竞赛中，依姆斯和沙里宁设计的曲面合成板椅子、组合家具等获得了头奖，如图 3-10 所示。

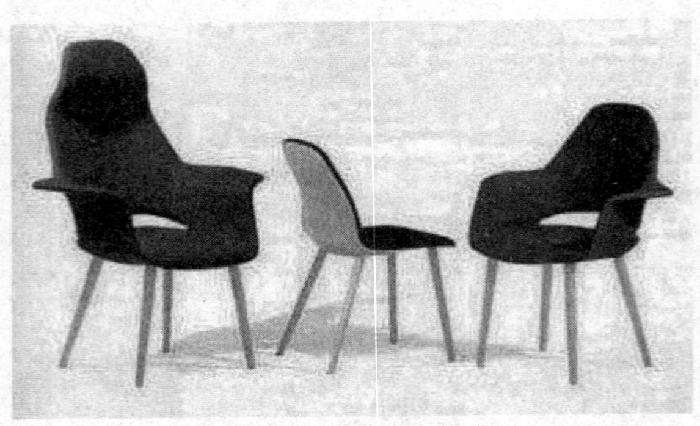

图 3-10　依姆斯合成板

现代主义能够盛行的另一个主要原因是因为它提出了全新的空间概念。20 世纪，人类对世界认识的最大飞跃莫过于时间—空间概念的提出。在以往的概念中，时间和空间是分离的。但爱因斯坦的相对论指出，空间和时间是结合在一起的，使人们进入了时间—空间相结合的“有机空间”时代。把“有机空间”的设计原则和“功能原则”结合在一起，就构成了现代主义最基本的建筑语言。在大师们的晚期作品中，常常能欣赏到这些原则淋漓尽致的发挥。例如，赖特的莫里斯商会（1948 年）和古根海姆博物馆（图 3-11）的室内空间，都使用了坡道作为主要的行进路线，达到了时间—空间的连续；密斯的玻璃住宅打破了内外空间的界限，把自然景观引入室内；柯布西耶的朗香教堂（1950—1954 年）最全面地解释了有机建筑的原则，变幻莫测的室内光影，把时间和空间有效地结合在一起。

图 3-11　古根海姆博物馆室内设计

也正因为现代空间有如此丰富的表现手段，才使人们认识到单纯装饰的局限性，才使室内设计从单纯装饰的束缚中解脱出来。与此同时，建筑物功能的日趋复杂、经济发展后的大量改造工程，进一步推动了室内设计的发展，促成了室内设计的独立。

二、晚期现代主义

自 20 世纪 50 年代开始，现代建筑的设计风格开始从单一化逐渐向多样化转变，虽然其建筑风格依旧保持简洁、抽象、重技术等特性，但是这些特点却得到最大限度的夸张。[①] 这种夸张，成为现代主义一种独特的风格与手法，并广泛传播。

早在 19 世纪 80 年代，沙利文就提出了"形式追随功能"的口号，后来"功能主义"的思想逐渐发展为形式不仅仅追随功能，还要用形式把功能表现出来。这种思想在晚期现代主义时期进一步激化，美国建筑师路易斯·康的"服务空间"—"被服务空间"理论就是典型代表。路易斯·康认为"秩序"是最根本的设计原则，世界万象的秩序是统一的。建筑应当用管道给实用空间提供气、电、水等并同时带走废物。因而，一个建筑应当由两部分构成——"服务空间"和"被服务的空间"，并且应当用明晰的形式表现它们，这样才能显现其理性和秩序。这种用专门的空间来放置管道的思想在路易斯·康的早期作品中就已形成。他非常钟爱厚重的实墙，但认为现代技术已经能够把古代的厚墙挖空，从而给管道留下空间，这就是"呼吸的墙"的思想。20 世纪 50 年代初，他为耶鲁大学设计的耶鲁美术馆中，又发展了"呼吸的顶棚"的概念。这个博物馆是个大空间结构，顶棚使用三角形锥体组合的井字梁，这样屋盖中就有可以贯通管道的空间，集中了所有的电气设备，使展览空间非常干净、整洁。在以后的几个设计

---

① 结构和构造被夸张为新的装饰；贫乏的方盒子被夸张为各种复杂的几何组合体；小空间被夸张成大空间……夸张的对象不仅仅是建筑的元素，一些设计原则也参与其中，并走向了极端。

中，路易斯·康又逐渐认识到“服务空间”不应当仅仅放在墙体和天花板的空隙中，而要作为专门的房间。这种思想指导了宾夕法尼亚大学理查兹医学实验楼的设计：三个有实用功能的研究单元（“被服务空间”）围绕着核心的“服务空间”——有电梯、楼梯、贮藏间、动物室等。每个“被服务空间”都是纯净的方形平面，又附有独立的消防楼梯和通风管道（“服务空间”），同时使用了空腹梁，可以隐藏顶棚上的管道，见图 3-12。

图 3-12 路易斯·康服务空间

“服务空间”和“被服务空间”虽然有其理性的基础，但这种思想最终被形式化，“服务空间”变成了被刻意雕琢的对象，不惜花费大量的财力来表现它们，使之成为塑造建筑形象的元素。这种手法主义的做法实际上已经偏离了“形式追随功能”的初衷，走向了用形式来夸张功能之路，构成了晚期现代主义设计风格的一大特点。这种形式主义还表现为把结构和构造转变为一种装饰。现代主义建筑没有了装饰元素，但它们的楼梯、门窗洞、栏杆、阳台等建筑元素以及一些节点替代了传统的装饰构件而成为一种新的装饰品。现代主义设计师擅长于抽象的形体构成，往往用有雕塑感的几何构成来塑造室内空间；现代主义的设计师还擅长于设计平整、没有装饰的表面，突出材料本身的肌理和质感。因而，晚期现代主义风格把现代主义推向装饰化时，产生了两个趋势——雕塑化趋势和光亮化趋势。

如果说抽象主义可以分为冷抽象和热抽象的话，雕塑化趋势也可以分为冷静的和激进的两个方向，即可以用极少主义和表现主义来加以概括。

极少主义和密斯的“少就是多”的口号相一致，它完全建立在高精度的现代技术条件下，使产品的精密度变成欣赏的对象，无需用多余的装饰来表现。20 世纪 60 年代初，一批前卫的设计师在密斯口号的基础上提出了“无就是有”的新口号，并形成了新的艺术风格。他们把室内所有的元素，如梁、板、柱、窗、门、框等，简化到不能再简化的地步，甚至连密斯的空间都达不到这么单纯。建筑师贝聿铭就是极少主义的典型代表。他的设计风格在于能精确地处理可塑性形体，设计简洁明快。其代表作品有肯尼迪图书馆（图 3-13、图 3-14）和华盛顿国家美术馆东馆。

图 3-13　肯尼迪图书馆外景

图 3-14　肯尼迪图书馆室内设计

在华盛顿国家美术馆东馆（图 3-15）中，美术馆的主体——展厅部分非常小，而且形状并不利于展览，最突出的反而是中庭的共享空间。在开始设计时，中庭的顶棚是呈三角形肋的井字梁屋盖，这样显得庄严、肃穆。后来改用 25 个四边形玻璃顶组成的采光顶棚，使空间气氛比较活跃。中庭的另一个特点是它的交通组织，参观者的行进路线不断变化，似乎更像是从不同的角度欣赏建筑，而不是陈列品。中庭的产生使室内设计的语言更加丰富，并且提供了充足的空间，使室外空间的处理手法能运用于室内设计，更好地实现了现代主义内外一致的整体设计原则。

整体设计的典型代表作有小沙里宁设计的纽约肯尼迪机场 TWA 候机楼（图 3-16）。候机楼的曲面外形有一个非常简明的寓意——一只飞翔的大鸟，它的室内空间除了一些标识自成系统之外，其余的座椅、桌子、柜台以及空调、暖气、灯具等都和建筑物浑然一体。为了和双曲面的薄壳结构相呼应，这些构件也用曲线和曲面表现出有机的动态，使建筑形成统一的整体。

图 3-15　华盛顿国家美术馆东馆

图 3-16　纽约肯尼迪机场 TWA 候机楼

三、后现代主义

由于现代主义设计排除装饰，大面积的使用玻璃幕墙，采用室内、外部光洁的四壁，这些理性的简洁造型使“国际式”建筑及其室内千篇一律、毫无新意。久而久之，人们对这种枯燥和冷漠感到厌烦。于是，20 世纪 60 年代以后，一种新的设计风格——后现代主义应运而生，并广泛受到欢迎。

20 世纪后期，世界进入了后工业社会和信息社会。工业化在造福人类的同时，也产生了环境污染、生态危机、人情冷漠等矛盾与冲突。人们对这些矛盾的不同理解和反应，构成了设计文化多元发展的基础。人们认识到建筑是一种复杂的现象，是不能用一两种标准，或者一两种形式来概括的，文明程度越高，这种复杂性越强，建筑所要传递的信息就越多。1966 年，美国建筑师文丘里的《建筑的复杂性与矛盾性》一书就阐述了这种观点。[①] 文丘里从建筑历史中列举了很多例子，暗示这些复杂和矛盾的形式能使设计更接近充满复杂性和矛盾性的人性特点。

1964 年为母亲范娜 · 文丘里在费城郊区栗子山设计的住宅是文丘里所设计的第一个具有后现代主义特征的建筑物，见图 3-17 和图 3-18。其基本的对称布局被突然的不对称所改变；室内空间有着出人意料的夹角形，打乱了常规方形的转角形式；家具令人耳目一新，而非意料中的现代派经典。此外，费城老人住宅基尔德公寓和康涅狄格州格林威治城 1970 年建的布兰特住宅也都体现了类似的复杂性。

1978 年，汉斯 · 霍莱因设计的维也纳奥地利旅游局营业厅的室内，则是对文丘里理论最直观的阐释与表现。20 世纪 70 年代末，迈克尔 · 格雷夫斯开始为桑拿家具公司设计系列展厅。这期间，格雷夫斯趋向于把古典元素简化为积木式的具象形式。在

---

① 他认为：“现代主义运动所热衷的简单与逻辑是现代运动的基石，但同时也是一种限制，它将导致最后的乏味与令人厌倦。”

1979 年设计的纽约桑纳公司的室内设计中,他把假的壁画和真实的构架糅合在一起,造成了透视上的幻觉。这种做法是文艺复兴后期手法主义的复苏。

图 3–17 文丘里母亲住宅

图 3–18 文丘里母亲住宅室内设计

作为新的设计趋向的代表,霍莱因和格雷夫斯有着共识。一方面他们延续了消费文化中波普艺术的传统,他们的作品都很通俗易懂,意义虽然复杂,但至少有能让人一目了然的一面,即文丘里所谓的"含混";另一方面,这些作品中又包含着高艺术的气息,显示了设计师深厚的历史知识和职业修养,因而又有所脱俗。这种通俗与高雅、美与丑、传统与非传统的并立,也是信息时代的典型艺术特点。

四、高技派

现代主义风格作为 20 世纪的主要设计风格,在多元主义时代继续发展。技术既是现代主义的依托，又是现代主义的表现对象。20 世纪晚期，“高技派”作为后现代时期与“后现代主义”并行的一股潮流，与后现代主义一样，强调设计作为信息的媒介，强调设计的交际功能。

在后工业社会，“高技术、高情感”变成一句口号。高技派设计师们认为：所有现代工程 50%以上的费用都是由供应电、电话、管道和空气质量服务的系统产生的，若加上基本结构和机械运输（电梯、自动扶梯和活动人行道），技术可以被看作所有建筑和室内的支配部分。在视觉上明显和最大限度地扩大这些系统的影响，导致了高技派设计的特殊风格。

高技派设计风格的典型代表当属巴黎的蓬皮杜中心（图 3–19）。这一作品由意大利人伦佐 · 皮亚诺和英国人理查德 · 罗杰斯合作设计。巨大的建筑结构、机械系统和垂直交通（自动梯）等暴露在外，独显奇特。这座建筑受到公众的强烈欢迎，成为游人的必去之处。

图 3–19 巴黎蓬皮杜中心室内设计

英国设计师福斯特设计的香港上海汇丰银行（图 3–20），其室内亦应用了高技派常用的手法，但同时也充满了人文主义的因素。入口大厅通向上层营业厅的自动扶梯，呈斜向布置。这种方向的调整据说是顺从了风水师的教化，却反而使室内空间更加丰富。在这个纯机械的室内，设计师努力不使职员感到生活在一个异化的环境之中。福斯特把办公区分成五个在垂直方向上叠加的单元，职员先乘垂直电梯达到他所在单元的某一层后，再换乘自动扶梯去他的办公室所在的那一层。这种交通设计既解决了摩天楼中电梯滞留次数过频的老问题，又能增进不同层、不同部门职员之间的了解与交流。

图 3-20　香港上海汇丰银行[①]

五、解构主义

解构主义出现于 20 世纪 80 年代和 90 年代的作品之中，是被用来界定设计实践的一种倾向。解构主义一词既指俄国构成主义者塔特林、马列维奇和罗德琴柯，他们常关注将打碎的部分组合起来，也指解构主义这一法国哲学和文学批评的重要主题，它旨在将任何文本打碎成部分以提示叙述中表面上不明显的意义。

由伯纳德 · 屈米设计的巴黎拉维莱特公园（图 3-21）是解构主义的代表作。屈米在公园中布置了许多小亭子，均由基本的立方体解构成复杂的几何体，涂上鲜红色并按公园里的一个几何网格布置在开敞的公园中。这些亭子有各种功能——一个咖啡馆，一个儿童活动空间，一个观景平台……因此，多数亭子人们可以进入，从而可以从内部看到它们切割的形式。

① 图片转引自陈易的《室内设计原理》（北京：中国建筑工业出版社，2006）

图 3–21　巴黎拉维莱特公园

作为纽约五人之一而为人所知的彼得·埃森曼根据复杂的解构主义几何学发展了他的设计作品，如图 3–22 所示。他设计的一系列住宅，使用了格子形布局法，有些格子是重叠的，室内外则都保持白色。康涅狄格州莱克维尔的米勒住宅，由两个互成 45° 角的冲突交叉和叠合的立方体形成。结果，室内空间成为全白色的直线形雕塑的抽象空间，一些简单的家具则可适应居民的生活现实。

图 3–22　彼得·埃森曼解构主义的室内设计

弗兰克·盖里一直不承认自己是解构主义者，但他已经成为解构主义最著名的实践者之一。他最早引起人们注意的作品是他自己在洛杉矶郊外的住宅（1978—1988），他将各种构件分裂，然后再附加到住宅外部的组合方法暗示了偶然的冲突。在这个住宅以及洛杉矶地区的其他设计中，盖里采用了将一般材料和内部色彩进行表面上随意而杂乱地相互穿插的处理方式。此外，在 1998 年由盖里设计的西班牙毕尔巴鄂的古根海姆博物馆（图 3-23）是另一个有趣的作品，其建筑整体是一个复杂的形式，外部包以闪光的钛合金皮，内部空间则反映了外部形式的错综复杂和变化多端。复杂和曲线空间的设计，过去一直受到绘图和工程计算等实际问题的限制，同时也受到实际建筑材料切割与组装的制约，为此盖里开发了计算机辅助设计，探讨了做出自由形体的潜能。

图 3-23　西班牙古根海姆博物馆内景

除了以上一些主要倾向之外，还有大量设计师进行了各种各样的尝试与探索，产生了诸多优秀作品与理论，室内设计界展现出生气勃勃的景象，可以相信室内设计仍将一如既往地为人类文明创造美好的环境。展望未来，室内设计仍将处于开放的端头，它的变化将与建筑设计及其他艺术门类中的变化思潮同步发展，这些思潮的变化并不局限于美学领域，室内设计将永无止境地不断向前发展。

第四章 室内空间设计

室内空间设计，就是运用空间限定的各种手法进行空间形态的塑造，是对墙、顶和地六面体或多面体空间形式进行合理分割。室内空间设计，目的是为了按照实际功能的要求，进一步调整空间的尺度和比例关系，用细微、准确地调整室内空间形状、尺度、比例、虚实关系的手段，解决空间与空间之间的衔接、过渡、对比、统一，以及空间的节奏、空间的流通、空间的封闭与通透的关系，做到合理、科学地利用空间，创造出既能满足人们使用要求又能符合人们精神需要的理想空间。

第一节 室内空间的造型要素

在室内空间设计中，空间的效果由各种要素组成，这些要素包括色彩、照明、造型、图案和材质等。造型是其中最重要的一个环节，造型由点、线、面三个基本要素构成。

一、点

点在概念上是指只有位置而没有大小，没有长、宽、高和方向性，静态的形，空间中较小的形都可以称为点。点在空间设计中有非常突出的作用，单独的点可以成为室内的视觉焦点；连续的、重复的点给人以节奏感、韵律感；对称排列的点给人以严整感、庄重感；不规则排列的点，给人以方向感和方位感。点的构成方法有下面几个。

（一）等间隔构成法

这种等间隔的排列优点是井然有序，有一定的秩序美感；缺点是缺少个性，不太适合表现印象极强的画面，视觉效果比较平淡、呆板，如图 4-1 所示。改善的方法有三个：①在间隔不变的情况下，改变一些点的形状，克服其呆板性。②如果不是圆点，便可以改变点的方向，克服其平淡感。③在间隔不变时，可改变点的大小及色彩，达到美好的视觉效果。

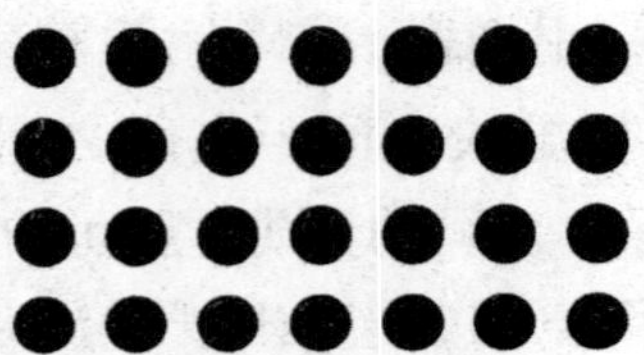

图 4-1　等间隔点的构成

（二）有计划性间隔的构成法

这种构成法可产生动感和立体感。它的变化是在数理的基础上产生的。优点是有一种秩序的精细感；缺点是如果创造不好，就会产生呆板的视觉效果。

改善的方法主要有将点进行单元变化、双元变化、三元变化及多元变化。单元变化（图 4-2）只有一个变化因素，能创造出明暗感和立体感。双元变化（图 4-3）有两个变化因素，能使画面具有生动感。三元变化（图 4-4）使画面更为生动活泼。多元变化（图 4-5）能使画面产生丰富生动的感觉，但控制不到位就会使画面缺乏主次，显得杂乱无章。

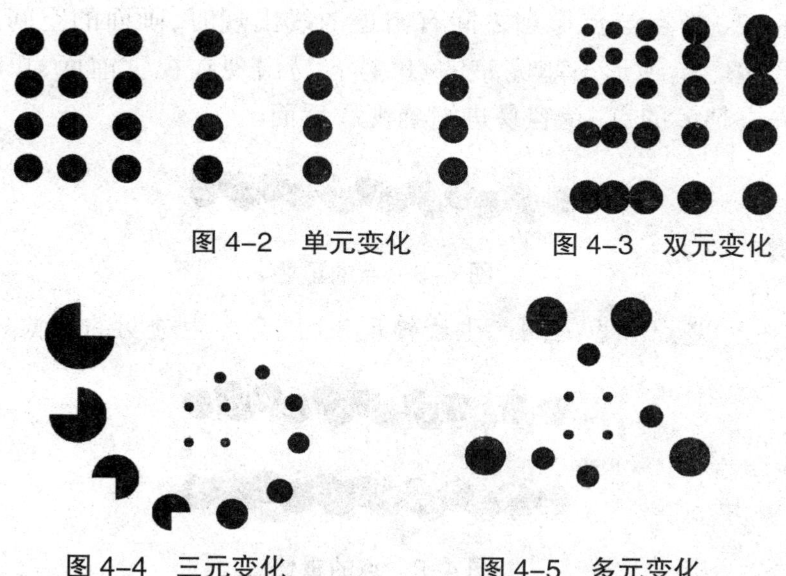

图 4–2　单元变化　　图 4–3　双元变化

图 4–4　三元变化　　图 4–5　多元变化

（三）连接构成法

等间距的连接具有强烈的秩序感，这种构成手法较单调，改善的方法和等间距的改变方法大致一样。等间距中点的大小变化，能造成不规则的画面构成。

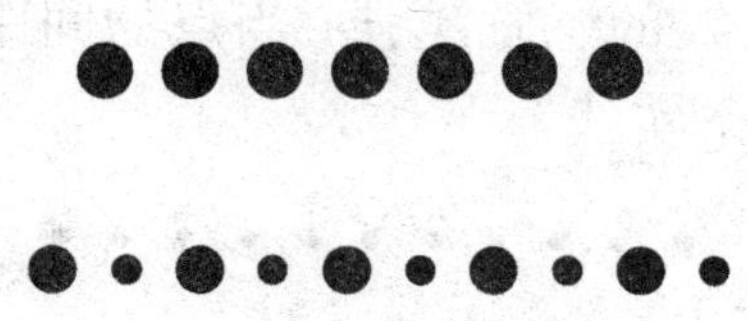

图 4–6　点的等间距连接

点的重叠构成会产生空间感，这种构成形式有以下几种。

（1）当点与点之间重叠的面积越小，越能保持原来的形状；重叠的部分越大，原来的形状就越容易失去；重叠到一定程度时就会产生出新的形状。

图 4–7　点的重叠

（2）当点与点形态之间有空透的线出现时，画面的空间感就会产生。单纯形态越完整的点，越容易出现在视觉前面，单纯形态失去越多的点，越容易进缩到视线后面。

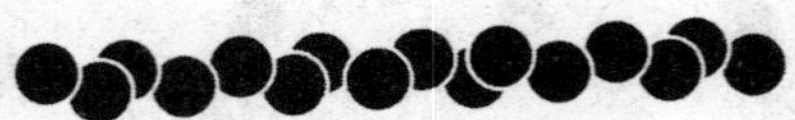

图 4-8 点的重叠

（3）当点和点之间产生透叠现象时，会产生透明的视觉效果。

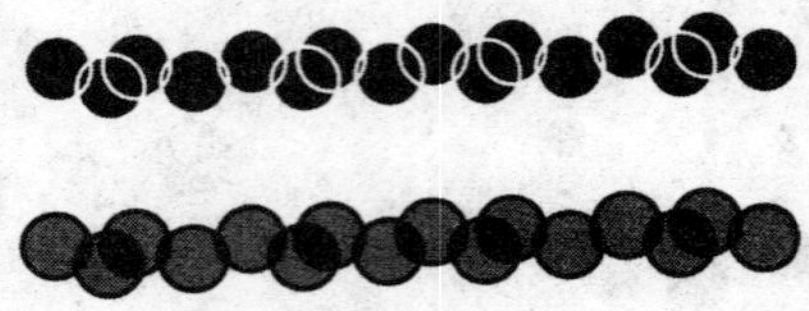

图 4-9 点的重叠

（四）点的线化与面化

点所构成的线永远是一种虚线，当画面中点是同样大小时，表现出的虚线会给人一种方向感；当点有了一定的大小变化时，这条线就产生出空间感和节奏感；当点的间距越大时，线的感觉越弱；间距越小时，线的感觉越强；当点的间距缩小到相接时，线就由虚线变成了一条实线。

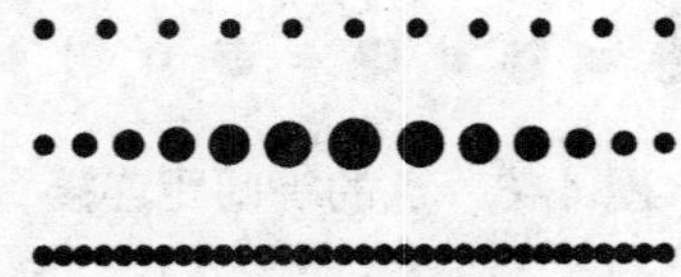

图 4-10 点的线化

当点的密度增大时，就会有面的感觉，当点是等间距排列时，就会成为一个虚面；当改变其间距、大小、位置、色彩时，就会产生非常丰富多变的虚面。

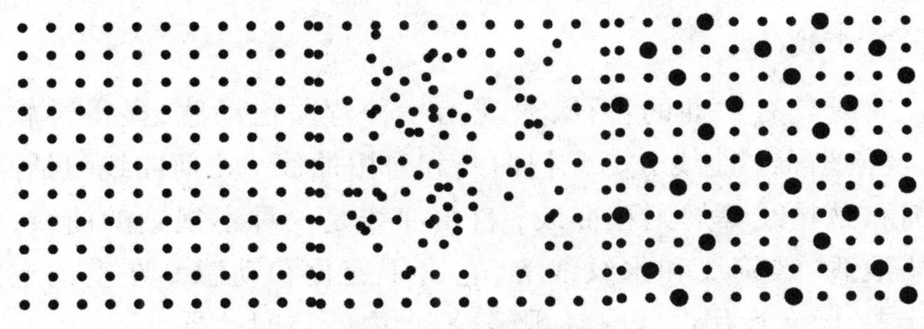

图 4-11　点的面化

二、线

线是点移动的轨迹，点连接形成线。作为空间形态上的线是有粗细之分的，它具有长度和方向的感觉。在造型设计中，线不仅有位置、方向、形状，还有相对的宽度。线具有很强的表形功能和表象功能。有曲直、粗细、浓淡、流畅与顿挫之分。它的相对视觉特征能为视觉属性提供富于表现力的造型手段。

（一）线的类别：直线与曲线

1. 直线

直线具有男性的特征，刚直挺拔，力度感较强。直线分为水平线、垂直线和斜线。水平线给人以稳定、平和的感觉；垂直线给人以向上、崇高的感觉；斜线具有较强的方向性，使空间产生速度感和上升感。

图 4-12　直线在室内造型中的应用

2. 曲线

曲线具有女性的特征，表现出一种弯曲运动感，显得柔软丰满、轻松幽雅。曲线分为几何曲线和自由曲线。几何曲线包括圆、椭圆和抛物线等规则型曲线；自由曲线是一种不规则的曲线，包括波浪线、螺旋线和水纹线等，它富于变化和动感。在室内空间设计中，经常运用曲线来体现轻松、自由的空间效果。

图 4–13　曲线在室内设计中的应用

（二）线的构成方法

线的创造性非常强，利用线可以很容易地创造出许多丰富的画面效果。

1. 线的不连接构成

所谓“不连接”特指平行线和等间隔线的构成。这种构成会产生宁静、稳定和单调无味的视觉效果。一般通过改变其中的部分设计元素组织手段，便可使画面产生丰富的变化。

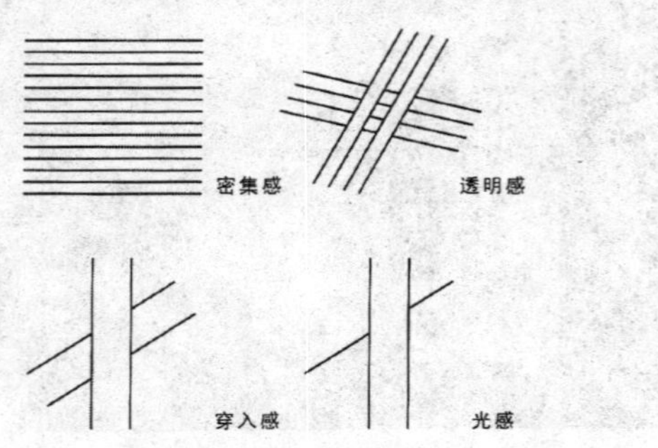

图 4–14　线的不连接构成

2. 线的连接构成

如果把一些线条连接起来,便可构成具有特殊感觉的外形,如旋涡形、发射形和辐射形。

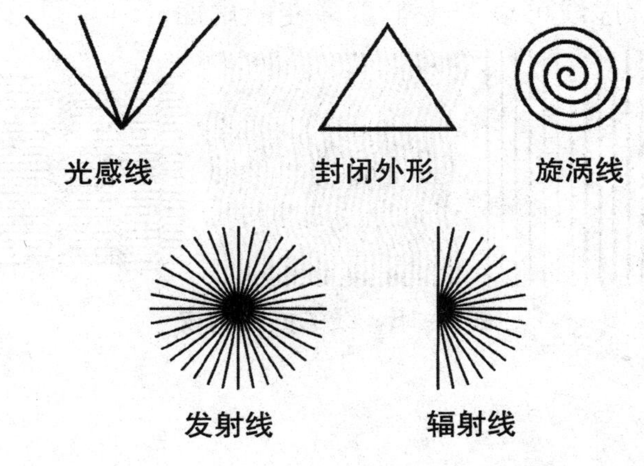

图 4–15 线的连接构成

3. 线的交叉构成

线的相互交叉可产生平稳感或光感的视觉效果。

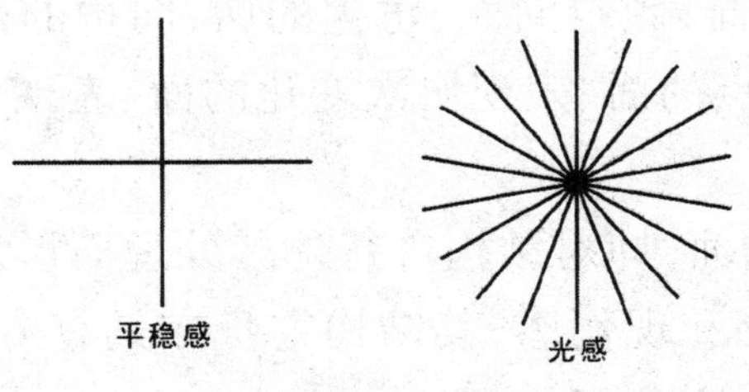

图 4–16 线的交叉构成

4. 封闭曲线构成

封闭曲线可以构成具有发射感和空间感的空间形式。

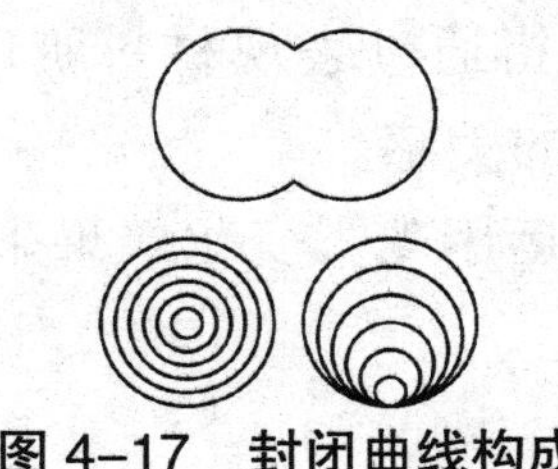

图 4–17 封闭曲线构成

5. 线的面化构成

当线的排列构成较密集时，面的感觉越强烈。同时，在线的组织构成中，利用直线可以构成平面，曲线可以构成曲面，折线可以产生空间，虚线可以产生丰富多变的虚面。

图 4-18　线的面化构成

三、面

线的并列形成面，直线并列形成平面，曲线并列形成曲面。根据室内设计中对面的应用特点，面可以分为表现结构的面、表现动感的面、表现质感的面、表现光影的面、主题性的面、趣味性的面、视错觉的面、倾斜的面、仿生的面、同构的面、渗透的面、特异的面、表现重点的面、表现层次变化的面、表现节奏和韵律的面这十五种。

表现结构的面，即对结构进行外露处理而形成的面。这种面具有粗犷的美感和现代感，其结构本身亦具有力学的美，富有一定的节奏感和韵律感。

表现动感的面，即使用动态造型元素表现出面的动感，这些元素包括各种灵动的曲线和曲面，例如波浪形的天花造型、旋转而上的楼梯等。动感的面富有活力和生机，具有灵动、优美的特点。

表现质感的面，是指通过表现材料肌理和质感而形成的面。这种面具有粗犷、自然的美感。

表现光影的面，即运用光影变化效果来设计的面。这种面给人以虚幻、灵动的感觉。

主题性的面，是为表达某种主题而设计的面，如在博物馆、纪念馆、主题餐厅和公司入口等场所经常出现的主题墙。

趣味性的面，指利用带有娱乐性和趣味性的图案设计而成的面。这种面给人以轻松、愉快的感觉。

视错觉的面，即利用材料的反射性和折射性制造出视错觉和幻觉的面。这种面给人以新奇、梦幻的感觉。

倾斜的面，即运用倾斜的处理手法来设计的面。这种面给人以新颖、奇特的感觉。

仿生的面，指模仿自然界动植物形态设计而成的面。这种面给人以滋润、朴素和纯净的感觉。

同构的面，同构即同一种形象经过夸张、变形，应用于另一种场合的设计手法。同构的面给人以新奇、戏谑的效果。

渗透的面，指运用半通透的处理手法形成的面。这种面给人以顺畅、延续的感觉。

特异的面，是指通过解构、重组和翻转等处理手法设计而成的面。这种面给人以迷幻、奇特的感觉。

表现重点的面是指在空间中占主导地位的面。这种面给人以集中、突出的感觉。

表现层次变化的面，是指运用凹凸变化、深浅变化和色彩变化等处理手法形成的面。这种面具有丰富的层次感和体积感。

表现节奏和韵律的面，即利用有规律的、连续变化的形式设计的面。这种面给人以活泼、愉悦的感觉。

第二节　室内空间的类型与分隔

一、室内空间的类型

室内空间的类型是根据建筑空间的内在和外在特征来进行区分的，具体来讲可以划分为以下几个类型。

（一）开敞空间与封闭空间

开敞式空间与外部空间有着或多或少的联系，其私密性较小，强调与周围环境的交流互动与渗透，还常利用借景与对景，与大自然或周围的空间融合，如图 4-19 所示的落地的透明玻璃窗让室外景致一览无余。相同面积的开敞空间与封闭空间相比，开敞空间的面积似乎更大。开敞空间呈现出开朗、活跃的空间性格特征。所以在处理空间时要合理地处理好围透关系，根据建筑的状况处理好空间的开敞形式。

图 4-19　开敞空间

封闭空间是一种建筑内部与外部联系较少的空间类型。在空间性格上，封闭空间是内向型的，体现出静止、凝滞的效果，具有领域感和安全感，私密性较强，有利于隔绝外来的各种干扰，如图 4-20 所示。

图 4-20　室内封闭空间

（二）静态空间与动态空间

静态空间的封闭性较好，限定程度比较强且具有一定的私密性。例如卧室、客房、书房、图书馆（图 4-21）、会议室和教室等。在这些环境中，人们要休息、学习、思考，因此室内必须要保持安静。室内一般色彩清新淡雅，装饰规整，灯光柔和。静态空间一般为封闭型，限定性、私密性强；为了寻求静态的平衡，多采用对称设计（四面对称或左右对称）；在设计手法上常运用柔和舒缓的线条进行设计，陈设不会运用超常的尺度，也不会制造强烈的对比，色泽、光线和谐。

图 4-21　图书馆——静态空间

动态空间是现代建筑的一种独特的形式。它是指设计师在室内环境的规划中，利用“动态元素”使空间富于运动感，令人产生无限的遐想，具有很强的艺术感染力。这些手段（水体、植物、观光梯等）的运用可以很好地引导人们的视线和举止，有效地展示了室内景物，并暗示人们的活动路线。动态空间可以使用于客厅，但更多地会出现在公共的室内空间，例如娱乐空间的舞台、商业空间的展示区域、酒店的绿化设计等，如图 4-22 所示。

图 4-22　室内动态空间

（三）结构空间与交错空间

结构空间是一种通过对建筑构件进行暴露来表现结构美感的空间类型。其整体空间效果较质朴，如图 4-23 所示。

图 4-23　室内结构空间

交错空间是一种具有流动效果，相互渗透，穿插交错的空间类型。其主要特点是韵律感强，有活力，有趣味，如图 4-24 所示。

图 4-24　室内交错空间

（四）凹入空间与外凸空间

凹入空间是指将室内界面局部凹入，形成界面进深层次的一种空间类型。其特点是私密性和领域感较强，如图 4-25 所示。

图 4-25　室内凹入空间

外凸空间是指将室内界面的局部凸出，形成界面进深层次的一种空间类型。其主要特点是视野开阔，领域感强，如图 4-26 所示。

图 4-26　室内外凸空间

（五）虚拟空间与共享空间

虚拟空间又称虚空间或心理空间。它处在大空间之中，没有明确的实体边界，依赖形体的启示，如家具、地毯、陈设等，唤起人们的联想，是心理层面感知的空间。虚拟空间同样具有相对的领域感和独立性。对虚拟空间的理解可以从两方面入手：一种是以物体营造的实际虚拟空间；另一种是指以照明、景观等设计手段创造的虚拟空间，它是人们心理作用下的空间。

共享空间是指将多种空间体系融合在一起，在空间形式的处理上采用“大中有小，小中有大，内外镶嵌，相互穿插”的手法而形成的一种层次分明、丰富多彩的空间环境。共享空间一般处在建筑的主入口处；常将水平和垂直交通连接为一体；强调了空间的流通、渗透、交融，使室内环境室外化，室外环境室内化。

（六）下沉式空间与地台空间

下沉式空间是一种领域感、层次感和围护感较强的空间类型。它是将室内地面局部下沉，在统一的空间内产生一个界限明确，富有层次变化的独立空间，如图 4-27 所示。

图 4-27　室内下沉空间

地台空间是将室内地面局部抬高，使其与周围空间相比变得醒目与突出的一种空间类型。其主要特点是方位感较强，有升腾、崇高的感觉，层次丰富，中心突出，主次分明，如图 4-28 所示。

图 4-28　室内地台空间

二、室内空间的分隔

室内空间的分隔是在建筑空间限定的内部区域进行的,它要在有限的空间中寻求自由与变化,在被动中求主动。它是对建筑空间的再创造。一般情况下,对室内空间的分隔可以利用隔墙与隔断、建筑构件和装饰构件、家具与陈设、水体、绿化等多种要素,按不同形式进行分隔。

(一)室内隔断的分隔

室内空间常以木、砖、轻钢龙骨、石膏板、铝合金、玻璃等材料进行分隔。形式有各种造型的隔断、推拉门和折叠门以及各式屏风等。一般来说,隔断具有以下特点。

(1)隔断有着极为灵活的特点。设计师可以按需要设计隔断的开放程度,使空间既可以相对封闭,又可以相对通透。隔断的材料与构造决定了空间的封闭与开敞。

(2)隔断因其较好的灵活性,可以随意开启,在展示空间中的隔断还可以全部移走。因此十分适合当下工业化的生产与组装。

(3)隔断有着丰富的形态与风格。这需要设计师对空间的整体把握,使隔断与室内风格相协调。例如,新中式风格的室内设计就可以利用带有中式元素的屏风分隔室内不同的功能区域。

（4）在对空间进行分隔时，对于需要安静和私密性较高的空间可以使用隔墙来分隔。

（5）住宅的入口常以隔断（玄关）的形式将入口与起居室有效地分开，使室内的人不会受到打扰。它起到遮挡视线、过渡的作用。

（二）室内构件的分隔

室内构件包括建筑构件与装饰构件。例如，建筑中的列柱、楼梯、扶手属于建筑构件；屏风、博古架、展架属于装饰构件。构件分隔既可以用于垂直立面上，又可以用于水平的平面上。一般来说，构件的形式与特点有如下几个方面。

（1）对于水平空间过大、超出结构允许的空间，就需要一定数量的列柱。这样不仅满足了空间的需要，还丰富了空间的变化，排柱或柱廊还增加了室内的序列感。相反，宽度小的空间若有列柱，则需要进行弱化。在设计时可以与家具、装饰物巧妙地组合，或借用列柱做成展示序列。

（2）对于室内过分高大的空间，可以利用吊顶、下垂式灯具进行有效的处理，这样既避免了空间的过分空旷，又让空间惬意、舒适。

（3）对于钢结构和木结构为主的旋转楼梯、开放式楼梯，本身既有实用功能，同时对空间的组织和分割也起到了特殊作用。

（4）环形围廊和出挑的平台可以按照室内尺度与风格进行设计（包括形状、大小等），它不但能让空间布局、比例、功能更加合理，而且围廊与挑台所形成的层次感与光影效果，也为空间的视觉效果带来意想不到的审美感受。

（5）各种造型的构架、花架、多宝格等装饰构件都可以用来按需要分隔空间。

（三）家具与陈设的分隔

家具与陈设是室内空间中的重要元素，它们除了具有使用功能与精神功能之外,还可以组织与分隔空间。这种分隔方法是利用空间中餐桌椅、小柜、沙发、茶几等可以移动的家具,将室内空间划分成几个小型功能区域,例如商业空间的休息区、住宅的娱乐视听区。这些可以移动的家具的摆放与组织还有效地暗示出人流的走向。此外,室内家电、钢琴、艺术品等大型陈设品也对空间起到调整和分隔作用。家具与陈设的分隔让空间既有分隔,又相互联系。其形式与特点有如下几个方面。

(1)住宅中起居室的主要家具是沙发,它为空间围合出家庭的交流区和视听区。沙发与茶几的摆放也确定了室内的行走路线。

(2)公共的室内空间与住宅的室内空间都不应将储物柜、衣柜等储藏类家具放置在主要交通流线上,否则会造成行走与存取的不便。

(3)餐厨家具的摆放要充分考虑人们在备餐、烹调、洗涤时的动线,做到合理的布局与划分。缩短人们在活动中的行走路线。

(4)公共办公空间的家具布置要根据空间不同区域的功能进行安排。例如接待区要远离工作区;来宾的等候区要放在办公空间的入口,以免使工作人员受到声音的干扰。内部办公家具的布局要依据空间的形状进行安排设计,做到动静分开、主次分明。合理的空间布局会大大提高工作人员的工作效率。

(四)绿化与水体的分隔

室内空间的绿化、水体的设计也可以有效地分隔空间。具体来说,其形式与特点有如下几个方面。

(1)植物可以营造清新、自然的新空间。设计师可以利用围合、垂直、水平的绿化组织创造室内空间。垂直绿化可以调整界面尺度与比例关系;水平绿化可以分隔区域、引导流线;围合的植物创造了活泼的空间气氛。

(2)水体不仅能改变小环境的气候,还可以划分不同功能空间。瀑布的设计使垂直界面分成不同区域;水平的水体有效地扩大了空间范围。

（3）空间之中的悬挂艺术品、陶瓷、大型座钟等小品不但可以划分空间，还会成为空间的视觉中心。

（五）顶棚的划分

在空间的划分过程中，顶棚的高低设计也影响了室内的感受。设计师应依据空间设计高度变化，或低矮或高深。其形式与特点有如下几个方面。

（1）顶棚照明的有序排列所形成的方向感或形成的中心，会与室内的平面布局或人流走向形成对应关系，这种灯具的布置方法经常被用到会议室或剧场。

（2）局部顶棚的下降可以增强这一区域的独立性和私密性。酒吧的雅座或西餐厅餐桌上经常用到这种设计手法。

（3）独具特色的局部顶棚形态、材料、色彩以及光线的变幻能够创造出新奇的虚拟空间。

（4）为了划分或分隔空间，可以利用顶棚上垂下的幕帘来进行划分。例如，住宅中或餐饮空间常用布帘、纱帘、珠帘等分隔空间。

（六）地面的划分

利用地面的抬升或下沉划分空间，可以明确界定空间的各种功能分区。除此之外，用图案或色彩划分地面，被称为虚拟空间。其形式与特点有如下几个方面。

（1）区分地面的色彩与材质可以起到很好的划分和导识作用。

（2）发光地面可以用在物体的表演区。

（3）在地面上利用水体、石子等特殊材质可以划分出独特的功能区。

（4）凹凸变化的地面可以用来引导残疾人的顺利通行。

第三节　室内空间设计专题实践

一、居住空间设计专题实践

（一）居住空间的类型

为了适应各地自然环境的不同，如严寒或炎热的气候，平原或山地等地形地貌，城市或农村的环境不同，住宅呈现出不同的特点。

住宅的层数应根据地形、使用要求、施工条件、投资造价和城市规划对建设地段的规划要求等进行划分。

（1）低层住宅为 1 ~ 3 层的住宅；

（2）多层住宅为 4 ~ 6 层的住宅；

（3）中高层住宅为 7 ~ 9 层的住宅；

（4）高层住宅为 10 层及以上的住宅。

（二）居住空间设计的原则要求

1. 全局考虑，整体规划的原则

居住空间设计，首先是对建筑所给定的空间并针对设计图纸与使用者的需求进行全局考虑，研究使用者的活动以及分析相关的空间需求。同时对使用者的职业身份、文化层次、个人爱好、家庭人员构成、经济条件等因素进行综合分析和设计定位思考。

2. 功能合理，形式美观的原则

空间布局，功能为先。“居者，人之本。人因居而立，居因人得志。人居相扶，感通天地”。从《黄帝宅经》中我们就可了解到人与居室的相互依存关系。现代意义的家居仍然是指居住的房间,是家庭和个人日常生活起居的私人空间。

随着社会的发展以及物质和精神生活水平的提高,家居设计开始由单一的实用功能向多元的审美功能转化,由简朴的生理需求向丰富的心理需求提升。正如墨子所说:“食必常饱,然后求美,衣必常暖,然后求丽,居必常安,然后求乐。”所谓“求美,求丽,求乐”均是对生活品质的追求。

3. 空间有序,动静相宜的原则

空间有序就是指在室内空间划分和组织时,以空间的使用功能为依据去合理地组织和利用空间,将这些空间设计成为人的活动和休息的地方,形成空间上的有序性。按其特征有序排列:开敞的或流动的家庭公共区域应作为家庭的空间中心;私密生活区域和工作学习区域应紧密结合,因为它们都具有宁静、安全的特征;家务活动区域则和储藏收纳区域相邻,达到方便、快捷的目的。

4. 构思形象,主次分明的原则

住宅的室内装修与其他公共空间装修相比,其空间相对较小,但要从功能合理、使用方便、视觉审美因素考虑它们彼此存在的共通性。在构思形象上同样要有所侧重,对空间的装饰上要主次分明,这也是对家居装修体现经济实用的综合考虑,需要突出装饰的投资重点。反映空间的构思形象,应放在以家庭为单位的入口、门厅或走道上,尽管面积不大,但常给人们留下进入家庭的第一印象。

(三)客厅设计

客厅是全家人文化娱乐、休息、团聚、接待客人和沟通交流的场所,是家居中主要的起居空间,在住宅中,使用频率最高,活动最集中,能充分体现主人的品位、情感和意趣,展现主人的涵养与气度。

客厅的主要功能区域可以划分为家庭聚谈区、会客接待区和视听活动区三个部分,不同区域有着不同的设计。

1. 家庭聚谈区和会客区的设计

客厅是家庭成员团聚和交流感情的场所,也是家人与来宾会谈交流的场所,一般采用几组沙发或座椅围合成一个聚谈区域来实现,客厅沙发或座椅的围合形式一般有单边形、L 形、U 形(图 4-29)等。

图 4-29　U 形沙发

2. 视听活动区的组成及设计

视听活动区是客厅视觉注目的焦点。人们每天需要接收大量的信息,坐在视听区内听音乐、欣赏影视图像不仅可以获取最新的资讯信息,而且可以消除一天的疲劳,放松身心。

视听活动区可以通过别致的材质,优美的造型来表现,主要有以下几种形式,见表 4-1。

表 4-1　电视墙的形式

形式类别	形式特征
古典对称式	中式和欧式风格都讲究对称布局,它具有庄重、稳定、和谐的感觉
材料多样式	利用不同装饰材料的质感差异,使造型相互突出,相映成趣
重复式	利用某一视觉元素的重复出现来表现造型的秩序感、节奏感和韵律感
形状多变式	利用形状的变化和差异来突出造型,如曲与直的变化、方与圆的变化等
深浅变化式	通过色彩的明暗和材料的深浅变化来表现造型的形式。这种形式强调主体与背景的差异,主体深,则背景浅;主体浅,则背景深。两者相互突出、相映成趣

客厅的风格多样，有优雅、高贵、华丽的古典式，也有简约、时尚、浪漫的现代式。

（四）卧室设计

卧室是人们休息睡眠的场所，是居室中较私密的空间。卧室除了用于休息之外，还具有存放衣物、梳妆、阅读和视听等功能。卧室设计的宗旨是让人们在温暖、舒适的氛围中补充精力。

1. 主卧室的设计

主卧室是住宅主人的私人生活空间，它应该满足男女主人双方情感和心理的共同需求，顾及双方的个性特点。

主卧室在设计时应遵循以下两个原则。

（1）满足休息和睡眠的要求，营造出安静、祥和的气氛。卧室内可以尽量选择吸声的材料，如海绵布艺软包、木地板、双层窗帘和地毯等。也可以采用纯净、静谧的色彩来营造宁静气氛。

（2）设计出尺寸合理的空间。主卧室的空间面积每人不应小于 $6m^2$，高度不应低于 2.4m，否则就会使人感到压抑和局促。在有限的空间内还应尽量满足休闲、阅读、梳妆和睡眠等综合要求。

睡眠区由床、床头柜、床头背景墙和台灯等组成。床应尽量靠墙摆放，其他三面临空。床不宜正对门，否则使人产生房间狭小的感觉，开门见床也会影响私密性。床应适当离开窗口，这样可以降低噪音污染和顺畅交通。医学研究表明，人的最佳睡眠方向是头朝南，脚朝北，这与地球的磁场相吻合，有助于人体各器官和细胞的新陈代谢，并能产生良好的生物磁化作用，达到催眠的效果，提高睡眠质量。床应近窗，让清晨的阳光射到床上，有助于吸收大自然的能量，杀死有害微生物。

床头柜和台灯是床的附属物件，可以存放物品和提供阅读采光，一般配置在床的两侧。床头背景墙是卧室的视觉中心，它的设计以简洁、实用为原则，可采用挂装饰画、贴墙纸和贴饰面板等装饰手法，其造型也可以丰富多彩。

梳妆阅读区主要布置梳妆台、梳妆镜和学习工作台等，衣物贮藏区主要布置衣柜和储物柜。

主卧室的天花可装饰简洁的石膏脚线或木脚线，主卧室的采光宜用间接照明，可在天花上布置吸顶灯柔化光线。主卧室的风格样式应与其他室内空间保持一致，可以选择古典式、现代式和自然式等多种风格样式，如图 4-30 所示。

图 4-30　主卧室的设计

2. 老年人卧室的设计

老年人有着丰富的人生阅历和经验，因此老年卧室的设计应以稳重、幽静为宗旨。老年人重视睡眠质量，他们喜欢白的素雅的墙壁，甚至不再追求时尚。此外，深色调沉着而有内涵，符合老年人的审美。房间窗帘、卧具多采用中性的暖灰色调，所用材料更追求质地品质与舒适感，如图 4-31 所示。

图 4-31　老年人卧室设计

3. 儿童卧室设计

儿童卧室是儿童成长和学习的场所。在设计时要充分考虑儿童的年龄、性别和性格特征，围绕儿童特有的天性来设计，其宗旨是“让儿童在自己的空间内健康成长，培养独立的性格和良好的生活习惯”。

儿童卧室设计时应考虑婴儿期、幼儿期和青少年期 3 个不同年龄阶段的儿童性格特点，针对儿童不同年龄阶段的生理、心理特征来进行设计。其中，婴儿时期的卧室设计（从出生到满 1 岁以前的一段时期的儿童）——这一时期由于处于待哺乳状态，因此婴儿房通常设置在主卧室的育婴区。儿童半岁以后可以添置生动有趣的婴儿床和婴儿玩具，如图 4–32 所示。

图 4–32　婴儿卧室设计

（五）卫生间设计

卫生间是家庭中处理个人卫生的空间，它与卧室的位置应靠近，且同样具有较高的私密性。小面积住宅中常把浴厕梳洗置于一室。面积标准较高的住宅，可采用浴室与厕所单独分隔开的布局。多室户或别墅类住宅，常设置两个或两个以上的卫生间。

卫生间设计的整体要求为：整洁、平面布置紧凑合理，设备与各管道的连接可靠，便于检修。其他各界面设计要点如下。

地面——卫生间各界面材质应具有较好的防水性能，且易于清洁，地面防滑极为重要，常选用的地面材料为陶瓷类同质防滑地砖。

路面——路面为防水涂料或瓷质路面砖。

吊顶——吊顶除需有防水性能，还需考虑便于对管道的检修，如设置顶棚硬质塑胶板或铝合金板等。为使卫生间臭气不进入居室，宜设置排气扇，使卫生间室内形成负压，气流由居室沉入卫生间。① 卫生间的设计可如图 4-33 所示。

图 4-33　卫生间设计

（六）书房设计

书房是阅读、书写和学习的场所，也是体现居住者文化品位的空间。书房的设计，总体应以简洁、文雅、清新、明快为原则。书房一般应选择独立的空间，以便于营造安静的环境。

书房的家具有书桌、办公（学习）椅和书架等。

书桌的高度应为 750 ~ 800mm，桌下净高不小于 580mm，座椅的坐高为 380 ~ 450mm，也可采用可调节式座椅，使不同高度的人得到舒适的坐姿。书架厚度为 300 ~ 400mm，高度为

① 世界卫生组织称污水管内空气倒流是 2003 年香港淘大花园非典疫情爆发的重要原因之一，因此，室内各排污系统将面临挑战，需要从根本上加以改革，对控制气体倒流的存水弯、地漏水缝等能否达到合格标准，能否真正起到控制空气倒流的作用，也是不容忽视的问题，应随时加以检修，以防万一。

2100～2300mm(也可到顶)。书架的种类很多,包括非固定式的、入墙式的、半身式的、落地式的等。① 一些珍贵的书籍最好放在有柜门的书柜内,以防书籍日久沾满尘埃。书桌台面的宽度不小于400mm×500mm。书房的设计可见图4-34所示。

图4-34　书房的设计

(七)厨房设计

厨房在家庭生活中具有非常突出的重要作用,操持者一日三餐的洗切、烹饪、备餐以及用餐后的洗涤餐具与整理等,都需要待在厨房,厨房中的劳动比较辛苦,因此,现代住宅室内设计应为厨房创造一个洁净明亮、操作方便、通风良好的氛围,在视觉上也应给人以井井有条、愉悦明快的感受,厨房应有对外开窗,直接采光与通风。

厨房各个要素的设计主要包括厨房设施、用具的布置,厨房操作台、储物柜的设计,以及厨房地面、墙面和照明的设计。厨房设计参见图4-35。

---

① 其中,非固定式的书柜只要是拿书方便的场所都可以旋转;入墙式或吊柜式书架,能够较好地利用空间;半身的书架靠墙放置时,空出的上半部分墙壁可以配合壁画等饰品一起布置;落地式的大书架有时也可以作为间壁墙;这类书架放一些大型的工具书,看起来比较美观。

图 4-35　厨房设计

（八）居住空间设计实例

这套住宅有独立的客厅、餐厅、书房和三个大小不等的卧室，还有一个厨房、两个卫生间和一个类似亭子的茶室。设计者充分发挥了隔断、家具、栏杆、景窗的作用，使环境既有一定的民族特色，又有一定的田园气息。图 4-36 是该住宅室内设计的平面图，图 4-37 是它的几个立面图。

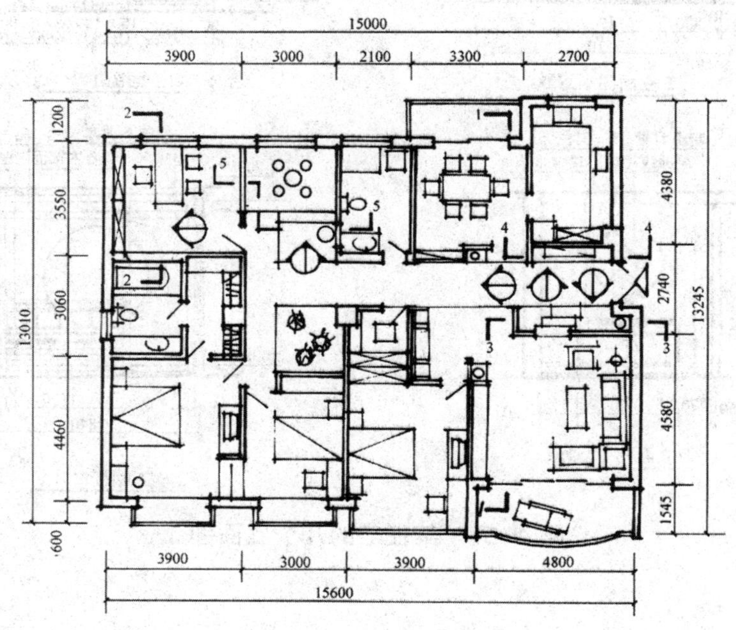

图 4-36　某住宅平面图

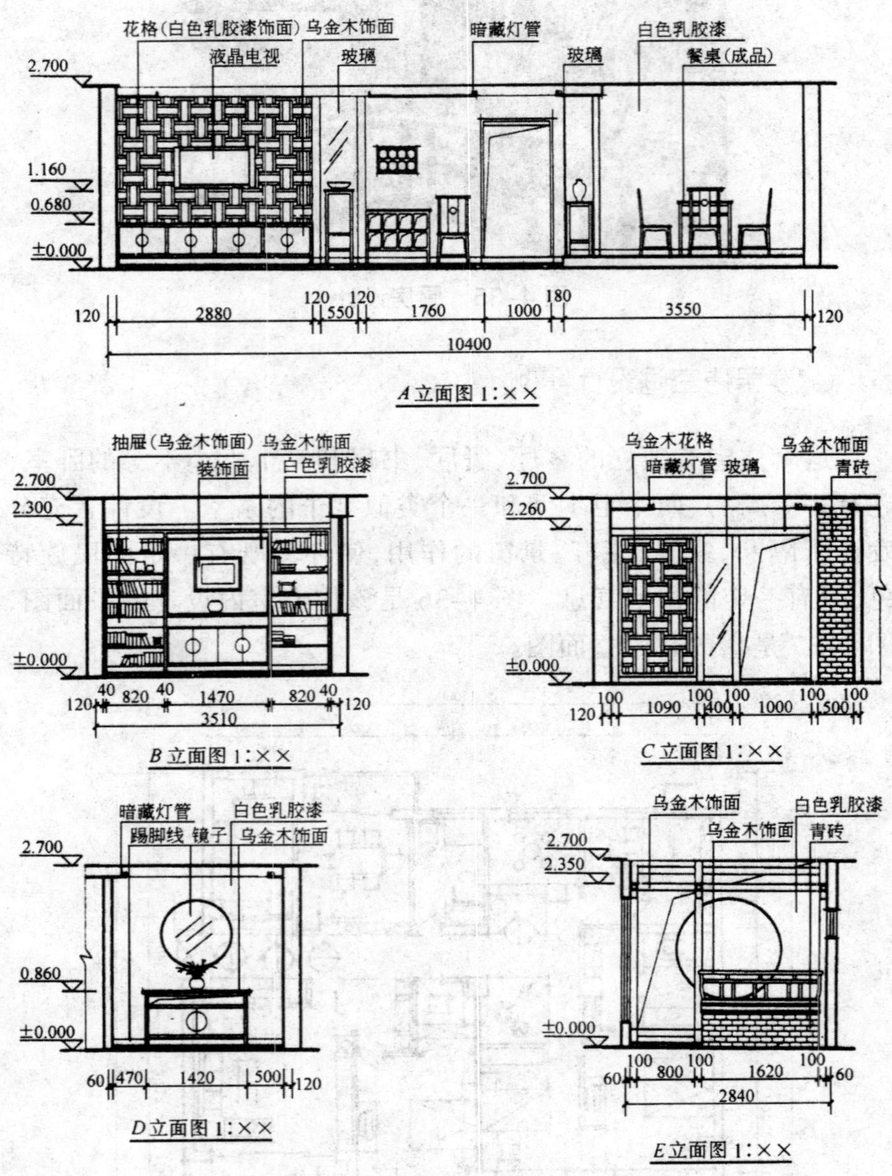

图 4-37 某住宅的几个立面图

二、酒店类空间设计专题实践

（一）酒店的规模及空间构成

酒店的规模包括从最简单的小客店到复杂的星级酒店，以及带全套休闲设施的度假村。酒店空间最基本的是要满足客人寻求舒适、得到娱乐的需要。客人的来源有各种类型，从度假到出差，有希望住处能衬托自己身份的名人，也有选择在这里聚会的各种团体。这类空间实际上相当于客人的第二个家，故设计需要表达集众家之长的独特风格。一些古老酒店的室内设计显示了良好的传统品味，而现代设计则更多反映出时尚风格。

酒店内的空间主要由公用空间、私用空间和过渡空间构成。公用空间是旅客、服务人员聚散活动区域，包括门厅、中庭、休息厅、酒吧、茶座、接待厅、餐厅、美容美发厅等。私用空间是指客人单独使用的空间，如客房、各类服务用房等。过渡空间则是指连接公用空间与私用空间的走廊、庭园、楼梯等。在装饰设计时，应合理地组织空间，根据不同特性选择不同的设计风格、装饰材料及施工做法。

（二）酒店空间的设计要点

酒店室内空间的设计要点包括以下几个方面。

1. 空间组合与处理手法

尽管不同人对酒店的要求不同，但大家的共同点是接近自然，特别是在南方炎热地区，一般喜欢通透开敞的空间及相对独立的小环境。美国建筑师波特曼创造“共享空间”以后，引发了酒店设计的一场革命。超常尺度的多层共享大厅，空间穿插处理丰富而生动，取得了物质功能和精神功能的双重效果。由此可以看出，空间大小的组合与划分，绝对不能离开人的需求，酒店设计要满足人的心理和生理两方面的需求，才能创造适宜的环境。

2. 内外空间的融合与巧借

室内环境常常被墙壁等不透明的界面围成封闭空间，现代酒店的室内设计常利用各种手法使这类空间变得开放，使室内外融成一体或利用透光的方法将外界自然景色引入室内。

3. 内部环境的主题与风格

室内各个面、各个形体相互关联，形式与色彩相互作用，形态与感情连锁反应，这是室内环境整体综合考虑的内容。如何达到预期的效果，给人以美的享受，通常的手法是在设计时给予环境一个带有地方特色的主题，以体现地域风情，并使设计富有时代感。

（三）客房空间设计

客房是大多数宾馆客人的目标场所，是宾馆最核心的功能空间，也是宾馆经济收益最主要的来源。客房提供给客人的不仅仅是一个休息的空间，更多的是享受和关怀，一个好的光环境，更是体现酒店档次的关键所在，如图 4-38 所示。

图 4-38　客房设计

1. 客房的种类

（1）标准客房，放两张单人床的客房，是宾馆中最普通、数量最多的客房。

（2）单人客房。

（3）双人间客房，放一张双人大床的客房。

（4）套间设计。

（5）总统套房，一般由六间以上的房间组成，分设客厅、餐厅、会议室、书房、总统卧房、夫人卧房等。至少有两套卫生间，主卫设六件洁具（包括面盆、马桶、净身盆、沐浴间、浴缸、按摩浴缸），整个总统套房犹如一幢豪华别墅，拥有最高级的设备和最精美的装修，要求有高度的私密性，绝对的安全、环境优美和视野良好。

2. 客房的卫生间面积标准

五星级标准客房面积为 $26m^2$，卫生间为 $10m^2$，考虑浴、厕分设。

四星级标准客房面积为 $20m^2$，卫生间为 $6m^2$。

三星级标准客房面积为 $18m^2$，卫生间为 $4.5m^2$。

要求高的卫生间有时将盥洗、淋浴、马桶分开设置，如图 4–39 所示。

图 4–39　酒店客房洗手间

3. 客房家具设备

（1）床及床头柜，电视、冰箱、音响及照明等设备开关、插座。

（2）休息椅一对或沙发一套及咖啡桌。

（3）装有大玻璃镜的写字台、化妆台及椅凳。

（4）行李柜、衣柜、电话、窗帘。

客房家具设备，如图 4–40 所示。

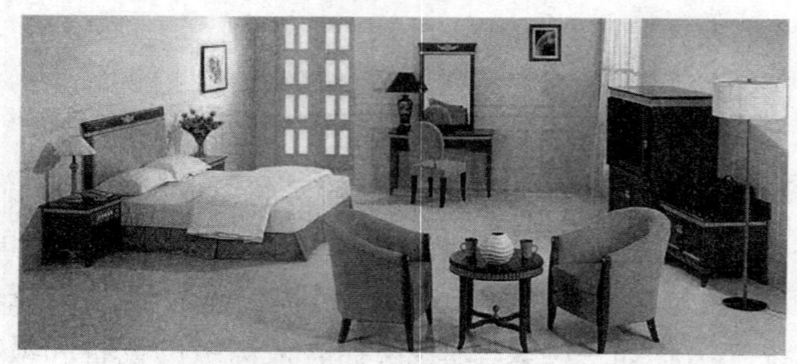

图 4–40　酒店客房家具

4. 客房内按不同的使用功能可分若干区域

根据区域的划分进行功能布局，睡眠区、休息区、工作区、盥洗区。

客房装饰原则为宁静淡雅不失华丽、统一风格。

5. 客房照明

客房一般不设顶灯，可以设壁灯、落地灯、床头灯、台灯、夜灯、内廊顶棚灯等，光源以白炽灯为主。

（1）为了便于控制，采用能在入口和床头两地操作的开关。

（2）床侧床头柜下，设置脚灯，作通宵照明之用。

（3）梳妆台或墙上镜子要有照明设施，卫生间设置日光灯。

（4）客房进门到卧室的过道上要装吸顶灯。

洗浴间的光环境以柔和均匀为宜。浴室照明应配合普通照明与镜前照明。镜前灯的照度要在 280lx 以上，通常采用温射型灯具，光源以白炽灯或三基色荧光灯为宜，灯具安装在镜子上方，在视野60° 立体角之外，以免眩光。洗浴间是开关最频繁的场所，注意选用防水等级较高的灯具，并且配防潮防水型面板。

对于休息空间，虽然将光环境控制在较低的范围内，但由于客人的年龄、文化、爱好的不同，对舒适温馨的看法与标准也有差异。为适应每个客人的需要，最好配合调光系统的使用。室内的场景控制非常重要，较高档的酒店会应用感应控制和无线遥控系统控光。智能照明系统控制设备可以在屋内任意点接入，系统维护比较简单。控制面板最好安装在客人躺下后伸手可控的范围内。

客房室内空间最好选用漫反射光，灯具方面可以配合使用落地灯、台灯、壁灯、床头灯和夜灯，所选用的光源以白炽灯或三基色荧光灯为主，光源色温一定要统一，不可交替混用冷暖光源，造成光色的杂乱无章。另外，需要注意选用光通利用率高的灯具，光通利用率是影响照度的直接因素，如图 4-41 所示。

图 4-41　酒店客房照明

6. 阅读空间的照明设计

酒店中的阅读空间一般有两部分：书桌和床边。书桌照明，照度值在 300lx，一般采用书写台灯照明。为了达到可阅读的亮度，桌面的照度比环境光照度高，在明与暗对比较强的环境中，瞳孔会随着明暗而收缩、扩张，不易造成视觉的疲劳。

此外，不少客人喜欢睡前倚靠在床边阅读，选用台灯或壁灯照明为宜。台灯可移动，灵活性强，台灯的灯型可以根据室内配饰来挑选，成为点缀性装饰物，能给人以美的享受。壁灯可通过墙壁产生漫反射光，光线柔和，避免眩光与手影，并且配合调光器，客人可以任意调整亮度直到感觉舒适。

(四)大堂设计

近年来，随着人们生活水平的提高，外出旅游被提上日程，随之而来的是旅馆事业的蓬勃发展。旅游建筑常以环境优美、交通方便、服务周到、风格独特而吸引四方游客。室内装饰方面在反映民族特色、地方风格、乡土情调结合现代化设施等方面予以精心考虑，使游客了解异国他乡的民族风格，扩大视野，增加知识、从而赋予旅游活动游憩性、知识性、健身性等内涵，如图4-42所示。

图4-42 酒店大堂设计

1. 大堂设计要素

酒店的大堂是接待客人的第一个空间，也是客人对酒店产生第一印象的地方。酒店的大堂是宾客办理手续、咨询、礼宾的场所，是通向酒店其他主要公共空间的交通中心，是整个酒店的枢纽。其设计、布局以及所营造出的独特氛围，将直接影响酒店的形象与其本身功能的发挥。

对酒店设计者来说，大堂可能是设计工作量最大，也是设计含金量最高的空间。在酒店设计中，只依靠材料和装饰语言来表达设计的设计师是没有发展的，而这种错误也最容易在设计大堂的时候发生。酒店设计应该是一种特定生活质量和现代交际环境，不仅要不断积累大量的生活体验，还要通晓所有设计细节。

大堂设计应遵循酒店"以客人为中心"的经营理念，注重给客人带来美的享受，创造出宽敞、华丽、轻松的气氛。从酒店的形象定位，投资规模、建筑结构等方面决定大堂的整体风格和效果。力求酒店的每寸土地上都能得到充分、合理利用，充分利用大堂宽敞的空间，以开展各种经营活动。

（1）满足功能要求

功能是大堂设计中最基本也是最“原始”的层次。大堂设计的目的，就是为了便于实现各项服务客人的实用功能，通常，大堂设计时应考虑的功能性内容包括以下几点。

第一，大堂空间关系的比例尺度、布局。

第二，大堂内所设服务场所的家具及陈设布置、设备安排。

第三，大堂采光、照明、色彩、绿化。

第四，大堂通风、通信、消防、安全。

第五，大堂材质效果（注重环保因素）。

除上述内容外，大堂空间的防尘、防震、吸音、隔音以及温度、湿度的控制等，均应在设计时加以关注。因此，大堂设计中，应将满足其各种功能要求放在首位。

（2）充分利用空间

酒店大堂的空间其功能，既可作为酒店前厅部各主要机构（如礼宾、行李、接待、问讯、前台收银、商务中心等）的工作场所，又能当成过厅、餐饮、会议及中庭等来使用。这些功能在不同的场所为大堂空间的充分利用及其氛围的营造，提供良好的客观条件。因此，大堂设计时应充分利用空间。

（3）注重整体感的形成

酒店大堂被分隔的各个空间，应满足各自不同的使用功能。但设计时若只求多样而不求统一，或只注重细部和局部装饰而不注重整体要求，势必会破坏大堂空间的整体效果而显得松散、零乱。所以，大堂设计应遵循“多样而有机统一”的要求，注重整体感的形成。大堂整体感的形成可从下列几个方面考虑。

其一，主从法。构成大堂空间造型的要素有：体重如大小、轻重等；材质如软硬、粗细、透明度等；形如曲直、方圆等；色如对比、调和等；光如明、暗、虚实等。这些要素在设计时应当有主有从，主次分明，而不应面面俱到、平均使用。若把握不住主从关系，就难以形成大堂空间的整体感。可以采用三种做法：①着重体现大堂的奇特造型、材质、肌理的美感；②通过光的运用，让大堂充满迷离气氛的现代科技成果；③将某一风格、流派或样式贯穿整个大堂空间。

其二，母题法。在酒店大堂空间造型中，以一个主要的形式重复再现而构成完整的体系。它犹如音乐中的主旋律，虽然经过不同的变奏，但音乐的基调是不变的，自始至终保持曲子的完整性。母题的重现形成了建筑空间的主旋律，并渗透到各个大小空间中，使其在多样变化的不同空间中显得并不散乱，相反整体感却十分强烈。

其三，重点法。大堂内强调重点要素，不失为形成大堂空间整体感的有效途径。在大堂空间中，被重点突出的支配要素和从属要素应“友好相处”“和平共存”，没有支配要素的大堂将会平淡无奇而单调乏味；但若有过多的支配要素，又将会杂乱无章而喧宾夺主。一旦重点要素已经形成，则应采取恰当的手法使从属要素能起到突出重点要素的作用。因此，大堂重点要素的处理，应既得到足够的重视而又有所克制。不应在视觉上压倒一切或排斥一切，从而使它们脱离大堂整体，破坏大堂整体感。

其四，色调法。所谓色调法，即以构成空间的基本色调来统一空间的造型。但它应和一定的气氛相联系，如热烈的、温暖的、柔和的、庄重的、活泼的、清淡的或轻松的等。通常，色调法可分为对比法和调和法两大类，用这两种方法可变化出千差万别的色调来。不过，对比并非指不同色彩的简单相映衬，而是仍存在着一定的主从关系，要能使空间统一中蕴含着变化；而调和，则最易使大堂空间形成整体感，且色调也最易统一，即使有变化，也只是同类色之间的协作关系。

2. 大堂室内设计

旅馆大堂是旅店前厅部分的主要厅室，它常和门厅直接联系，一般设在底层，也有设在二层的，或与门厅合二为一。

（1）大堂的组合与气候条件有关，不同等级、经营特点的宾馆大门数量与位置是不同的。不同习俗、宗教地区对大门也有特别的要求。

（2）宾馆大堂要求醒目，既便于客人又便于行李的进出，同时要求能防风，减少空调空气外逸，地面耐磨易清洁且雨天防滑。有的宾馆有双道门，有的一道门加风幕，有的一道为感应自动门，减少大门开启的时间。

（3）大堂的形式特点多种多样，应清晰可辨、利于通行、利于室内外交流。

3. 大堂设计装饰的风格类型

（1）古典式

这是一种具有浓厚传统色彩的设计装饰类型，大堂内古董般的吊灯、精美的古典绘画以及造型独特的楼梯栏杆，让客人感受到大堂空间的古朴典雅。随着新材料的应用，酒店大堂古典式设计装饰有了新的生机。

（2）庭园式

庭园式设计装饰引入山水景点与花木盆景，素有"庭中公园"的美称。如在大堂内利用假山、叠石让水自高处泻下，其落差和水声使大堂内变得有声有色、动静结合；或者在大堂一角，种植大量的热带植物，设置小巧的凉亭与瀑布，使大堂空间更富自然山水的意境。在设计装饰庭园式大堂时，应注意确保整体空间的协调，花木搭配与季节、植物习性、假山体量、溪涧宽窄等自然规律相符。

（3）重技式

重技式设计的特点为严谨的结构、粗实的支柱。如美国的希尔顿酒店的大堂，设置了用几十根金属管组成的高大雕塑，并以金黄色喷涂其表面，使整个大堂空间充满了生机和活力，营造出迎候八方来客的浓郁氛围。

（4）现代式

这类大堂设计装饰追求整洁、敞亮、线条流畅。如大堂顶面球面形和地面圆形图案互相呼应，再配以曲面形墙壁与淡雅的色彩，大堂顶面设计有如星星闪烁的灯光，让客人犹如身临太空，情趣无穷。若再辅以玻璃、不锈钢和磨光花岗岩等反光性强的材料装饰的通道，更显得玲珑剔透，充满了现代感。

4. 大堂设计特点及装饰材料

大堂是酒店设计的装饰重点，集空间、家具、陈设、绿化、照明、材料等精华于一身。很多酒店把大堂和中庭结合起来成为整个建筑之核心和重要景观之地。空间上比一般厅室要高大开敞，以显示其核心作用。在选择材料上，以高档的天然材料为佳，如花岗岩、大理石、高级木材等。

5. 大堂照明

大堂休息厅应创造使人愉悦和吸引人的照明效果，以较高的照度在有高光照明或自然光的入口和门厅之间，创造柔和的过度。

大堂应显示愉快、殷勤好客的气氛，与建筑装饰艺术相结合，有时采取下列照明方式。

(1)间接型悬挂式照明灯具，从顶棚上挂下来。

(2)均匀明亮的发光顶棚。

(3)暗灯槽照明或下射照明。

(五)酒店空间设计实例

下面的实例是一个套间客房，即所谓的豪华客房，它由双人卧室、书房和卫生间组成，书房外有一个小阳台。卫生间内设备齐全，除脸盆之外，还有高级按摩浴缸、桑拿房、淋浴器和女士净身盆。图 4-43 为其平面图，图 4-44、图 4-45 为其立面图，图 4-46、图 4-47 是卧室及卫生间的天花平面图。

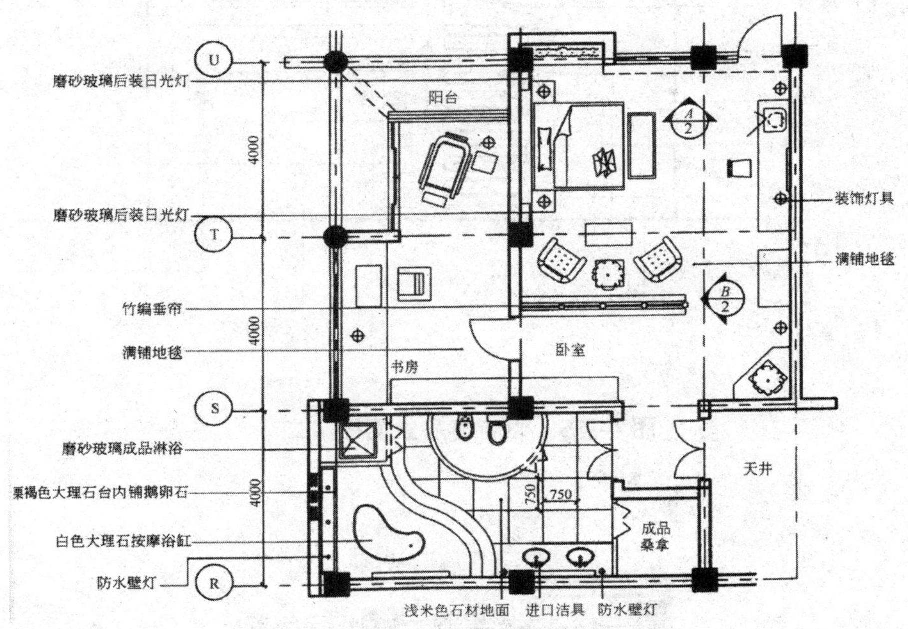

图 4–43　酒店客房平面图

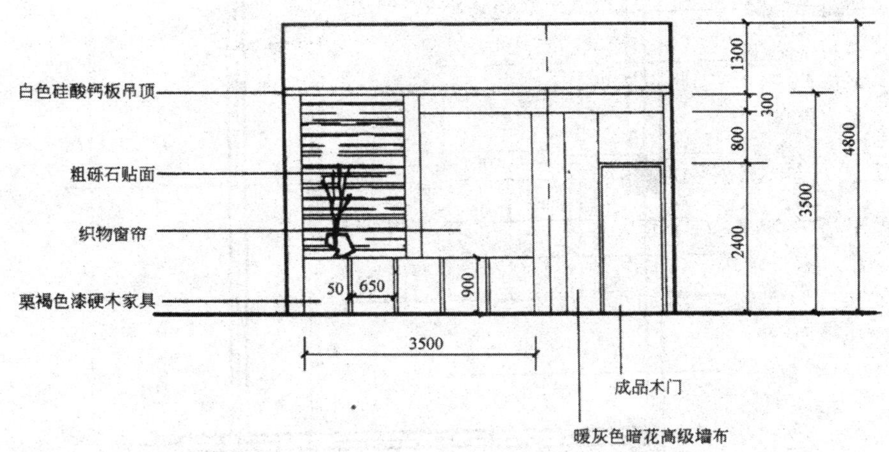

图 4–44　酒店客房立面图（一）

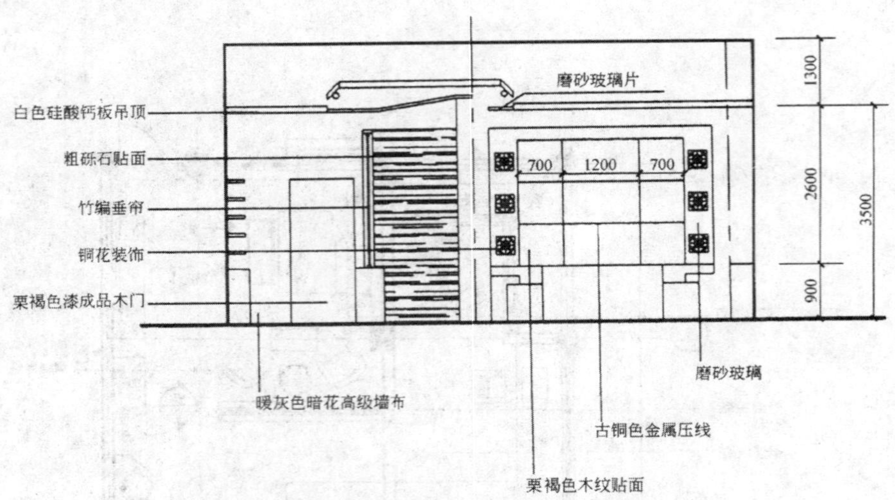

图 4–45　酒店客房立面图（二）

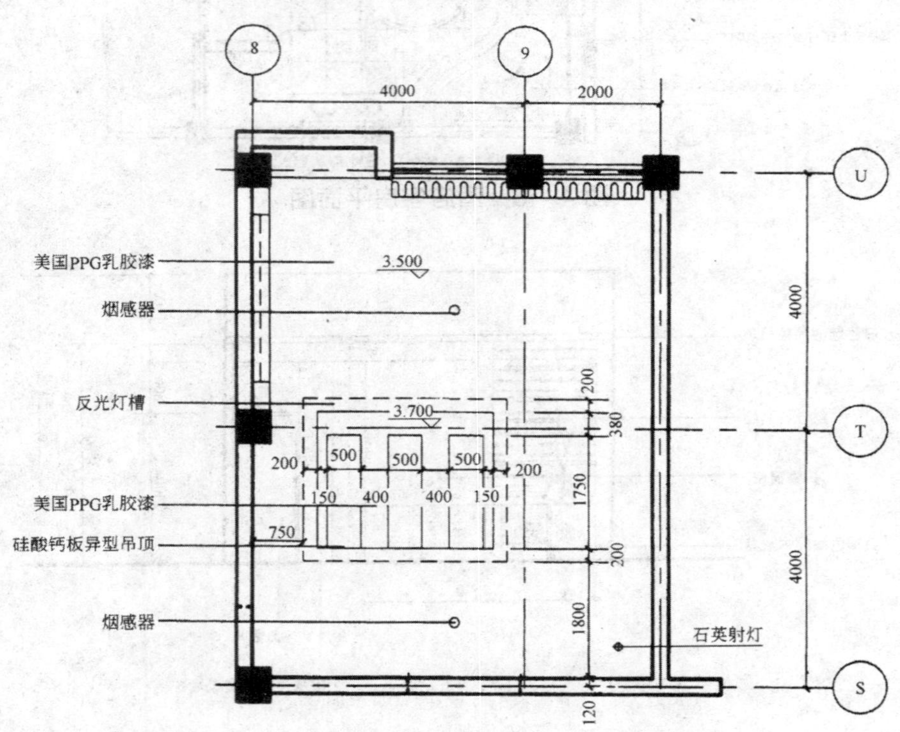

图 4–46　酒店客房卧室及卫生间天花平面图（一）

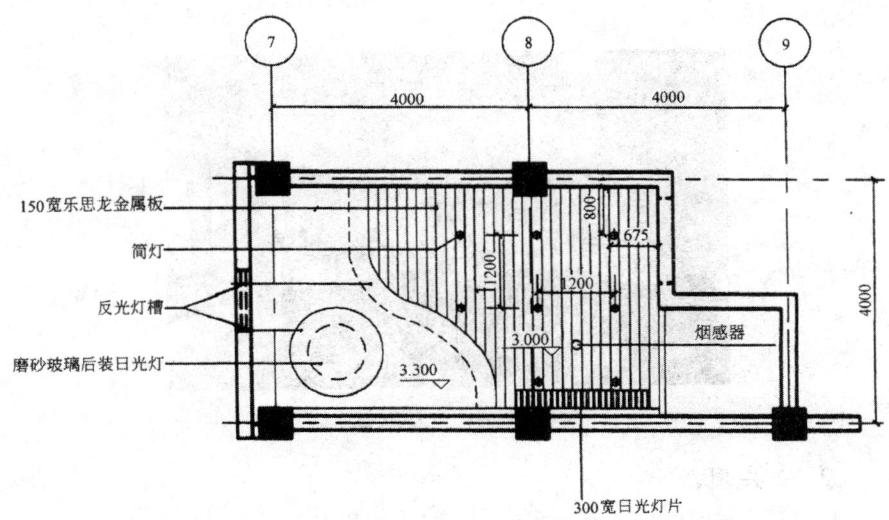

图 4-47　酒店客房卧室及卫生间天花平面图（二）

三、办公类空间设计专题实践

办公类空间主要是指大型公司和大型现代化办公机构（如政府机构的办公室）。这样的办公空间设计要求很高，专业化程度也很高，已成为室内设计行业的一个重要领域。确定办公空间室内的布局大小及形式，必须依据其功能、办公人员的组成、整体办公环境的风格和该公司或组织的目标来加以协调。

（一）办公空间的组成

按其功能性质，办公类房间的组成一般有以下几种。

1. 办公用房

办公建筑室内空间的平面布局形式取决于办公楼本身的使用特点、管理体制、结构形式等，办公室的类型可有小单间办公室、大空间办公室、单元型办公室、公寓型办公室、景观办公室等，如图 4-48 所示。此外，绘图室、主管室或经理室也可属于具有专业或专用性质的办公用房。

图 4–48　办公室

2. 公共用房

公菜用房为办公楼内外人际交往或内部人员会聚、展示等的房间，如会客室（图 4–49）、接待室、各类会议室、阅览展示厅、多功能厅等。

图 4–49　会客室

3. 服务用房

服务用房为提供资料、信息的收集、编制、交流、储存等的房间，如资料室、档案室（图 4–50）、文印室、电脑室、晒图室等。

图 4–50　档案室

4. 附属设施用房

附属设施用房为办公楼工作人员提供生活及环境设施服务，如开水间、卫生间、电话交换机房、变配电间、空调机房、锅炉房以及员工餐厅（图 4–51）等。

图 4–51　员工餐厅

（二）办公室空间的设计原理分析

1. 充分利用空间

（1）组合家具的运用。

（2）打掉部分非承重墙用柜子作隔断。

（3）在门边、拐角等地方设置储物间或储物柜。

（4）采取开放或半开放式设计。

空间的弹性利用可以改变空间的大小、尺度，也可以形成新的空间效果，形成一种新的空间气氛，以至影响人对空间的心理感受，最大的特点就是多功能。

2. 办公室空间设计的常用方法

办公室空间设计的常用方法如表 4-2 所示。

表 4-2　办公空间设计的常用方法

方法名称	方法描述
活动隔断	空间可分可合、可高可矮，分隔出的空间满足各种使用要求
活动顶棚	顶棚通过机械装置可以升降或平移，借以改变室内空间的尺度、比例，甚至还可以将顶棚移开变成露天或半露天形式的空间，既给人以奇特的心理满足，同时又能适应多功能要求
活动地面	通过地面的升降、伸缩，既可丰富功能使用时的时空变化，又可改变其使用功能的性质
灯光变换	在有的室内空间中，通过灯光的变幻可以形成不同的使用效果。因为不同的功能，对光的要求不一样

设计者应同时考虑到这些因素，从而更好地使空间满足弹性化和多重要求。

3. 办公室空间设计要点

灵活性：家具灵活布置，先进的设备可随职员组成、配置的变化随时变动。

联系性：半隔断的壁板方向随意安排，人员组团 5 人左右。

独立性：个人独立小空间。

可调节性家具形式及布置便于拆卸和拼装。

图 4-52 所示为办公室设计。

4. 办公室空间设计要素

大空间矮分隔、低噪声、电脑化，在设计中按其不同的工种组成流水式布局。

地面。质地柔软、防噪声、防滑、耐磨，可采用塑胶地板和地毯。

墙面。遵循肃静、清洁、设置图表等原则。

隔断。以吸音防火材料为主，高分别为 1．2m（坐视）、1．5m（站视）、1.8m（半封闭）。

照明。以局部照明为主，设在低矮的隔断上，同时可以随意转换照明。顶部照明均匀。

电源。墙面和地面都应有电源，设有集中的空调系统。

图 4–52　办公室设计

（三）办公室空间设计的原则

1. 再创造的原则

设计者根据物质和精神功能的双重要求，打破室内外及层次上的界限，并着眼于空间的延伸、穿插、交错、复合、变换等空间造型的创造，呈现出由简单向复杂、由封闭向开敞、由静态向动态的特点，逐步形成现代办公空间设计的新理念。

其一，体现办公室空间的功能性。

其二，形状追随功能在办公空间中的具体使用。

其三，各种造型元素在办公空间的不同运用可实现不同的效果。

2. 功能性的原则

满足功能要求是判断空间设计优劣的起码准则，功能反映了人对室内空间在舒适、方便、安全等各种使用功能上的要求。但“形状追随功能”的理解不能只停留在抽象的概念上，尤其不能用简单的方法去生搬硬套,应当研究空间内部相互联系的复杂性,这样才能达到形式与功能的完美结合。

人的各种需要:集体、个人、特定场所、特别兴趣、偏爱的事物等。

地点的需要:个人空间、私密性、相互的影响、交通流线等。

分析活动性质:主动或被动、有声或安静等。

行为需要:私密感、交通流线、灵活、光照、音响、温湿度、通风性等。

室内空间所需要的质量:舒适、安全、多样化、耐久性、维护保养等。

确定可能的安排:功能分区、专用的安排、灵活的安排,最终应达到的空间意想中的质量等。

办公室环境的整体性体现在两个方面:第一是共生,即各种艺术手段的表现方式融为一体。第二是文脉,即强调办公空间范围内的环境各因素与环境整体保持时间和空间的连续性,建立和谐的空间关系。

(四)办公室空间的色彩设计

色彩在室内设计中起着改变或者创造某种格调的作用,会给人带来某种视觉上的差异和艺术上的享受。色彩可以将物体放大或缩小。在实际装修中,只要使用好冷色调和暖色调,就可以使房间显得宽敞。色彩可使时间变快或者变慢,同时也是最环保的“空调”。

(五)办公室空间的设计程序

1. 访问调查及观察

对行政组织进行总体调查;对管理部门进行功能调查;对操作工作流程及设备进行调查;观察现有设施情况,是否需要完全或部分地再使用现有家具和设备;了解现有家具设备的目录和尺寸。

2. 确立建筑数据

获得完整的基本平面数据(包括建筑平面图及结构图),搜集相关资料。

整理搜集所得信息,即整理出初步阶段的方案。总结已确定的量化数据,包括各建筑的尺寸、家具和设备的数量、设备尺寸等。

3. 分析数据

研究规划中的各种关系:工作之间的相互关系、公共与私密空间的分区、特殊声学要求等;发现图面关系,即最大限度地使用空间;识别设计和建筑的关系。

(1)阐述设计阶段有关的功能问题,确立设计理念。

(2)准备好关系图或邻接图(呈现给客户);完成平面设计和概念意向。

4. 设计表现

依据确定平面图进行效果图表现。

图纸应包括封皮、目录、说明、现况、新建、拆除、平面、天花、地面、强弱电、给排水、立面、节点等。

5. 现场技术交底

现场技术交底包括以下内容:

(1)工程概况与特点。

(2)图纸及规范的主要要求。包括主要部位尺寸、标高、材料规格及使用要求、配合比要求等。

(3)施工方法。包括工序搭接关系、垂直运输方法、主要机械的使用及操作要点、成品保护要求与措施。

(4)对施工进度的要求。包括质量标准、要求与保证质量的措施,可能发生的技术总量及处理方法。

(5)安全、消防等要求与措施。

（六）会议室设计

会议室的设计一般要考虑到屏幕和座位的距离，以及灯光和隔音效果，会议室的灯光设计对于获得满意的视觉效果是很重要的因素。设计良好的会议室除了为参加会议人员提供舒适的开会环境外，更可以实现较好的临场感，有助于会议效果的实现。

1. 会议室的类型

会议室一般分为公用会议室与专业性会议室。公用会议室主要用来召来对外开放的会议，包括行政工作会议、商务会议等。这类会议室内的设备比较完备，主要包括电视机、话筒、扬声器、受控摄像机、图文摄像机、辅助摄像机等，若会场较大，可配备投影电视机（以背投为佳）。专业性会议室主要供研讨会、远程教学、会诊等使用，因此除上述公用会议室的设备外，可根据需要增加供教学、学术使用的设备。

2. 会议室大小及环境设计

会议室的大小与设备、参加人数有关。可根据参加会议的人数多少，在扣除第一排座位到主席台后的显示设备的距离外，按每人 2.0m^2 的占用空间来考虑，甚至可放宽到每人占用 2.5m^2 的空间来考虑。天花板高度应大于 3.0m。

室内的温度、湿度适宜，通常考虑 18 ℃—25 ℃ 的室温，60%—80%的湿度较合理。为保证室内的合适温度、湿度，会议室内可安装空调系统，以达到加热、加湿、制冷、换气功能。会议室要求空气新鲜，每人每时换气量不小于 18m^2。会议室的环境噪声级要求为 40dB，以形成良好的开会环境。

3. 会议室的布局设计

会场四周的景物和颜色，以及桌椅的色调均会影响画面质量。一般忌用白色、黑色之类的色调，这两种颜色在进行人物摄像时会产生反光等不良效应。所以无论墙壁四周、桌椅均采用浅色色调较适宜，如墙壁为米黄色、浅绿，桌椅为浅咖啡色等，南方宜用冷色，北方宜用暖色。摄像背景不适挂有山水等景物，否则将增加摄像对象的信息量，不利于图像质量的提高。可以考虑在室内摆放花卉盆景等清雅物品，增加会议室整体高雅程度。从观看效果来看，显示屏常放置在相对于与会者中心的位置，距地高度大约 1.0m，人与显示屏的距离为 4 ~ 6 倍屏幕高度。各与会者到显示屏的水平视角应不大于 60° 。所采用的显示屏的大小，应根据参加会议的人数，会议室的大小等因素而定。小型会议室，只需用 29 寸至 34 寸的液晶屏或等离子电视即可。大型会议室应以投影屏幕为主。

图 4–53 为会议室布局设计。

图 4–53　会议室布局设计

4. 会议室照度及音响效果设计

灯光照度是会议室的基本必要条件。一方面，摄像机均有自动彩色均衡电路，能够提供真正自然的色彩，从窗户射入的光（色温约 5800K）比日光灯（3500K）或三基色灯（3200K）偏高，如室内有这两种光源（自然及人工光源），就会产生有蓝色投射和红色阴影区域的视频图像；另一方面，召开会议的时间是随机的，上午、下午的自然光源照度与色温均不一样。因此会议室应避免采用自然光源，而采用人工光源，所有窗户都应用深色窗帘遮挡。在使用人工光源时，应选择冷光源，诸如“三基色灯”（R、G、B）效果最佳。对于监视器及投影电视机，它们周围的照度应为

50 ~ 80lx,否则将影响观看效果。为了确保文件、图表的字迹清晰,对文件图表区域的照度应不大于 700lx,而主席区应控制在 800lx 左右。

为保证声绝缘与吸声效果,室内应铺有地毯,天花板、四周墙壁内都应装有隔音毯,窗户应采用双层玻璃,进出门应考虑隔音装置。根据声学技术要求,一般来说,混响时间过短,则声音枯燥发干;混音时间过长,声音又混淆不清。因此,不同的会议室都有其最佳的混响时间,如混响时间合适则能美化发言人的声音,掩盖噪声,增加会议的效果。

(七)办公空间设计实例

不同机构的办公楼,组成情况是不同的,图 4-54、图 4-55 和图 4-56 为几个不同办公楼的平面图,由图可知,除大体相同的基本空间外,它们也各有许多特殊的空间。在更大的办公楼内,还可能有多种供全体职工使用的公共空间,如咖啡厅、快餐厅、文娱室和健身房等。

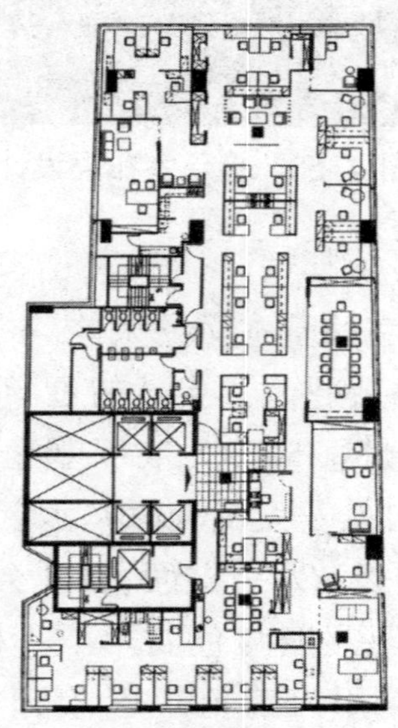

图 4-54 办公楼平面(一)

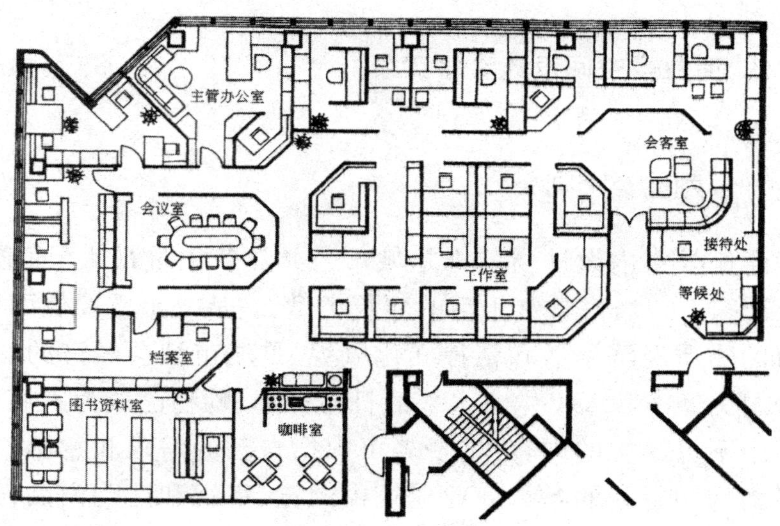

图 4–55 办公楼平面（二）

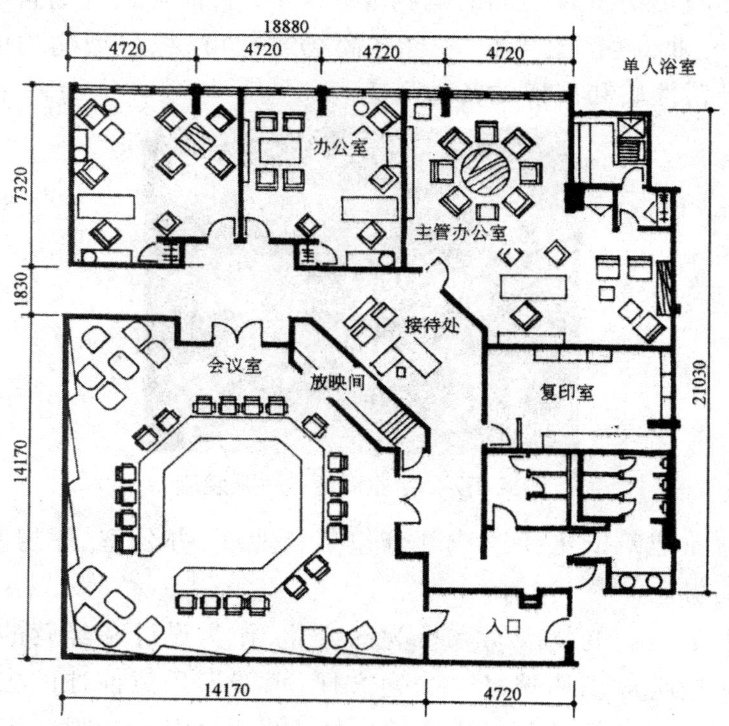

图 4–56 办公楼平面（三）

四、商业类空间设计专题实践

（一）商业类空间

商业类室内设计与装饰是城市公共建筑中量最大、面最广，涉及千家万户居民日常生活的建筑类型，它从一个重要侧面反映城市的物质经济生活和精神文化风貌，是城市社会经济的窗口。随着国民经济和人民生活水平的日益提高，购物已成为人们日常生活中不可缺少的内容，消费者可根据自己的需求和意愿，在适应不同购物行为的各类商业建筑中浏览、审视和选购商品，达到购物的目的。

为满足消费者不同的购物要求和目的，商业建筑通常有百货商店、专业商店（图 4–57）、自选商场或超市、综合型购物中心等不同经营性质和规模的各类商店。

图 4–57　专业商店——服装店

商业建筑的主要组成部分包括营业厅、办公室、库房及一些附属用房。

由于人们购物观念和行为的变化，作为设计和经营的对策，需相应地考虑商店选址。交通方便，消费者乐意前往的去处，人气氛围较好。商店具有特色的形体，醒目的店名招牌，引人入胜的店面与具有吸引力的橱窗，富有招揽性的室外照明与广告，宽敞方便的商店入口等都有利于商业目的的实现。

（二）商业类空间划分

1. 商业空间类别划分的国际视野

对于商业业态的分类，目前国际上主要依据零售店的选址、规模、目标顾客、商品结构、店堂设施、经营方式、营业时间、服务功能、价格策略等确定。

美国把零售店区分为百货店、超级市场、折扣店、一般商品店、服装专卖店、仓库俱乐部、药店、方便店、杂货店等九类。

日本对零售业态的分类与美国基本相同，但增加了自动售货机、邮购以及无店铺销售形式。

2. 我国商业空间的类别划分

按照零售业态发展的客观进程，我国在国际通行的业态分类总体框架下将商业空间进行必要的合并，把零售业态分为四大类进行统计，即百货商店、超级市场、专业（专卖）店和其他。

（1）百货商店

百货商店是指在一个建筑物内，集中了若干专业的商品部并向顾客提供多种类、多品种商品及服务的综合性零售形态。其基本特征包括以下几点：

其一，商品结构以经营服装、纺织品、家庭用品、食品和娱乐品为主，种类齐全。

其二，以柜台销售为主，明码标价。

其三，注重店堂装修及橱窗展示。

这里的百货商店，不是指国民经济行业分类中的“日用百货零售业”，而是指经营多品种、多门类的综合性商店，包括大中小型综合经营的商店。

（2）超级市场

超级市场是指采取自选销售方式，以销售大众化生活用品为主，满足顾客一次性购买多种商品及服务的综合性零售形态，其基本特征包括以下几点：

其一，商品结构以经营食品、副食品、日用生活品、服装衣料、文具、家用电器等购买频率较高的商品为主。

其二，采取自选销售方式，明码标价。

其三，结算设在出口处统一进行。

这表明超级市场首先是自助服务的零售商店，毛利低、销量高，以经营生活必需品为主，种类繁多，统计时将各种类型的超级市场、仓储式商场和会员式超市列入该类。

（3）专业（专卖）店

专业（专卖）店是指专门经营某类商品或某种品牌的系列商品，满足消费者对某类（种）商品多样性需求的零售形态。其基本特征包括以下几点：

其一，商品结构专业性较强，各种不同的规格、品种及品牌汇集，选择余地大。

其二，销售人员有较强的专业知识，能为消费者提供充分服务。

其三，采取定价销售和开架面售方式。

将专业店和专卖店归为一类统计仅仅是为了统计操作上的方便。其实专业店与专卖店有本质的区别，前者专门经营某种或某类商品，如时装店、鞋店、食品店、药店、花店、书店、电器店、珠宝店（图4–58）等；后者则专门经营某种品牌的系列商品，如海尔电器专卖店、李宁牌体育用品专卖店、格力空调专卖店、苹果牌休闲装专卖店等。

（4）连锁店

连锁店是西方国家零售商业普遍采用的一种有效的组织经营方式。一个多世纪以来先后出现的百货店、超级市场、便利店、折扣商店等都是独立于其他类型的零售业态，而连锁店则不同，既有便利店连锁，也有超市连锁、专业店连锁等。随着市场细分化趋势的加剧，不仅在零售商业，在餐饮业、服务业也都广泛存在着连锁经营的形式，如我国目前发展较快的超级市场和品牌专卖店，一般都采取连锁经营方式。一般而言，连锁商店是指在核心企业或总店的领导下，众多小规模的、分散的、经营同类商品或服务的零售企业，通过规范化经营，以实现规模效益的经济联合组织形式。连锁商店应由若干个分店组成，其特征有三：①经营同类商品；②使用统一商号；③统一采购配送，采购与销售相分离。

图 4–58　珠宝店

（5）购物中心

购物中心是一组零售商店及有关的商业设施的群体组合，其间有百货商店、超级市场、专业店、品牌专卖店、美容美发店、彩扩店、饭店、快餐厅、游戏厅、小影视厅、画廊等，集购物、休闲、娱乐、美食和其他服务功能于一身，建筑面积较大，有些建筑面积达10万～50万平方米，与商业街和我国大型商品交易市场类似，属于商业集聚组织形态。其基本特征包括以下几点：

其一，众多业主共同组成一个市场或商场。

其二，自主经营，自由定价，不受购物中心制约。

其三，购物中心的管理机构大多为物业管理，自营商业部分很少。

（6）其他商业形态

其他商业形态指上述未包括的其他商业形态形式（如便利店、折扣商店、杂货店、邮购商店等）。

(三)商业空间设计的要素表达

设计商业空间首先要了解、掌握经营者的总体思路,然后才是研究经营者的总体策划、投资规模、经营方式、管理方式、营业范围、商品种类,并在上述条件的基础之上进行全方位的综合可行性分析,提出设计初步构想。在此基础上要更深入地研究以下三个要素。

商品:进入商场的顾客大多数的目的是买“商品”,而商场经营者开设商店的基本目的是为了“销售商品”以求得最终获取商业利益。

消费者(具备一定消费能力和消费欲望的人群):商品失去消费者,商品消费就失去了主体,商品的买卖也就无从谈起。

消费:商场是提供消费、购买行为的场所,是促进购买行为的实现地。

研究作为商品与消费者之间桥梁的商场空间,只有全面掌握消费者的心理,并对商品有深层次的了解,才有可能有针对性地采取各种相应的措施,创造良好的商业环境,促进购买环节的良性发展。

(四)商业空间设计的实践

1. 动线设计

动线设计应该说是商业空间设计的核心。商业空间是流动的空间,这里面有顾客的空间、服务的空间,以及商品的空间,空间与空间之间有一定的序列关系,所以说一个商场设计的成功与否和它的动线设计有一定的关系。

2. 中庭设计

一个大的商业中心往往有一个或几个中庭。由于构成的严肃多样性以及尺度的复杂性,中庭往往成为整个商业中心设计的重点。所以在设计中,要着力体现出节约性、娱乐性和社区性,把中庭营造成整个购物中心气氛的高潮。中庭的设计元素主要包括绿化、水井以及其他一些营造气氛的特性元素。

3. 店面与橱窗设计

店面和橱窗设计是最能体现创意的部分,要吸引顾客,店面设计一定要有吸引力。

4. 导购系统设计

如果商场是本书的话,导购系统就是书的目录,也好比大海中航行中指路的明灯,所以导购系统的设计要简洁、明显,图案与颜色等要相协调。

5. 配套设施设计

大型购物中心里面配套的设施主要包括卫生间、停车场、广场、办公室以及商场里面的艺术品等。在这些配套设施当中,要对整个商场设计的基本元素加以提炼,并利用到配套设施上,在满足实用功能的同时,给人们一种美的享受。

6. 商业灯光设计

商业设计当中,灯光设计也是非常重要的。主要分三个部分:基本照明、特殊照明、装饰照明。基本照明解决照明的问题。特殊照明是商品照明,就是通过照明突出商品的特质,吸引顾客注意商品。装饰照明则给出一种效果,烘托商业的气氛。这三种照明要合理地配合,在视觉上增加商场空间的层次,从而引发消费者发生购买行为。

(五)商业类空间的设计实例

图 4-59、图 4-60 为花店室内空间设计示例,示例图中有营业厅、作业室、保存室,营业厅又包括陈列、接待等功能。店内的接待、洽谈处有小桌。花店的陈设道具和展示方式应该有特色,鲜花、盆景等分类陈列,以鲜花为主体的区域应该高低错落,给人

以美感。

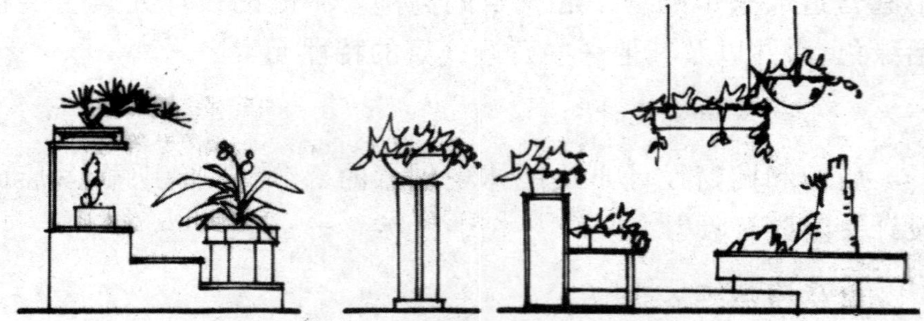

图 4–59　花店陈列示意图

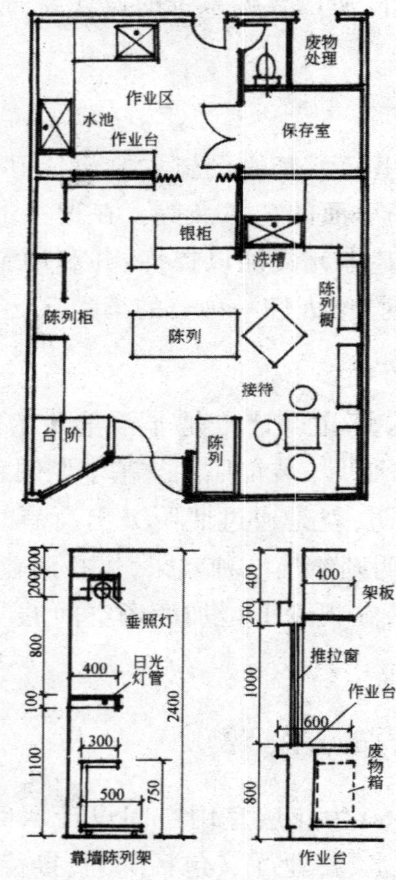

图 4–60　花店平面图和剖面图

第五章　室内风格设计

室内风格设计中，家具是空间属性的重要构成，它在室内空间中能有效地组织空间，为陈设提供一个限定的空间。而色彩、照明和软装是营造空间氛围，抒发空间情感的有效手段，也是室内风格设计的一项重要内容。

第一节　室内家具风格设计

家具在这个有限的空间中，在以人为本的前提下，合理地组织和安排室内空间，满足人们工作、生活的各种需求。

一、家具类别划分

（一）使用功能类别

家具按使用功能，可划分为支承类、凭倚类、装饰类和储藏类四种。

支承类家具指各种坐具（图 5-1）、卧具，如凳、椅、床等。

凭倚类家具指各种带有操作台面的家具，如桌、台、茶几（图 5-2）等。

图 5-1　椅子——支承类家具

图 5-2　茶几——凭倚类家具

装饰类家具指陈设装饰品的开敞式柜类成架类的家具，如博古架（图 5-3）、隔断等。

图 5-3　博古架——装饰类家具

储藏类家具指各种有储存或展示功能的家具，如箱柜、橱架（图 5-4）等。

图 5–4　橱架——储藏类家具

（二）制作材料类别

家具，以制作材料为标准，可划分为木质家具、玻璃家具、金属家具、皮家具、塑料家具和竹藤家具六种。

木质家具主要由实木与各种木质复合材料（如胶合板、纤维板、刨花板和细木工板等）所构成，如图 5–5 所示。

图 5–5　木质家具

玻璃家具，是以玻璃为主要构件的家具，如图 5–6 所示。

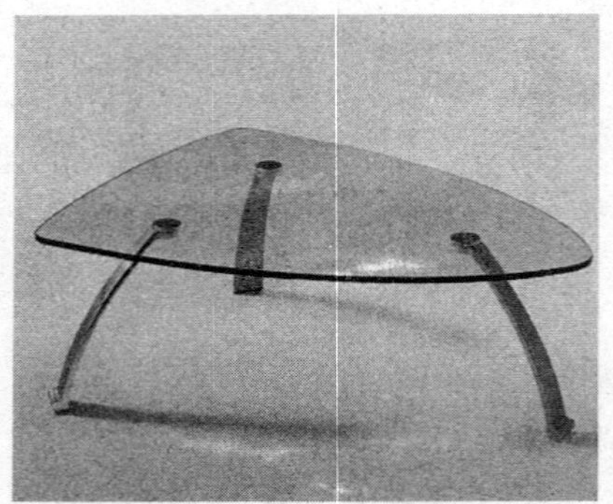

图 5-6　玻璃家具

金属家具是以金属管材、线材或板材为基材生产的家具，如图 5-7 所示。

图 5-7　金属家具

皮家具是以各种皮革为主要面料的家具，如图 5-8 所示。

图 5-8　皮家具

塑料家具是整体或主要部件用塑料加工而成的家具，如图 5-9 所示。

图 5-9　塑料家具

竹藤家具是以竹条或藤条编制部件构成的家具，如图 5-10 所示。

图 5-10　竹藤家具

（三）结构特征类别

家具，以结构特征为标准，可划分为框式、板式、折叠式、拆装式、曲木式、壳体和树根式。

框式家具以榫接合为主要特点，木方通过榫接合构成承重框架，围合的板件附设于框架之上，一般一次性装配而成，不便拆装，如图 5-11 所示。

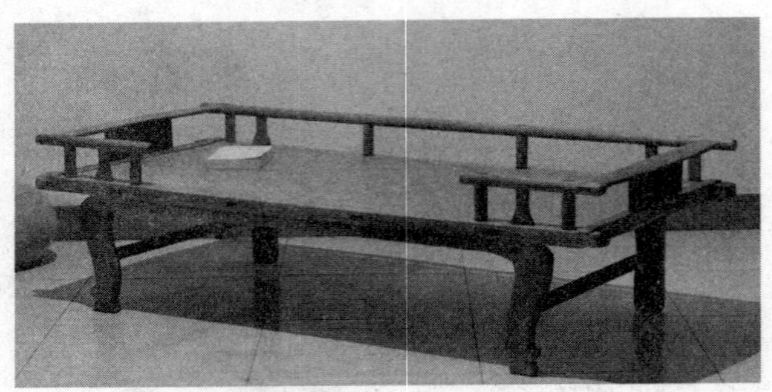

图 5-11　框式家具

板式家具是以人造板构成板式部件，用连接件将板式部件接合装配的家具，板式家具有可拆和不可拆之分，如图 5-12 所示。

图 5-12　板式家具

折叠家具是能够折动使用并能叠放的家具，便于携带、存放和运输，如图 5-13 所示。

图 5-13　折叠式家具

拆装式家具是用各种连接件或插接结构组装而成的可以反复拆装的家具，如图 5-14 所示。

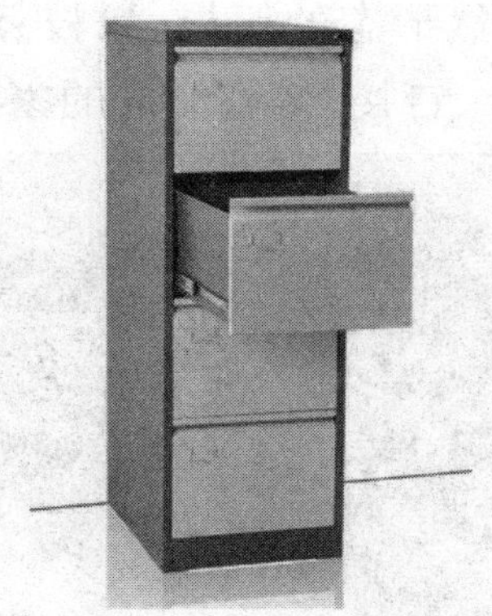

图 5–14　拆装式家具

曲木家具是以实木弯曲或多层单板胶合弯曲而制成的家具。具有造型别致、轻巧、美观的优点，如图 5–15 所示。

图 5–15　曲木式家具

壳体家具指整体或零件利用塑料或玻璃一次模压、浇注成型的家具。具有结构轻巧、形体新奇和新颖时尚的特点，如图 5–16 所示。

图 5–16　壳体家具

树根家具是以自然形态的树根、树枝、藤条等天然材料为原料，略加雕琢后经胶合、钉接、修整而成的家具，如图 5-17 所示。

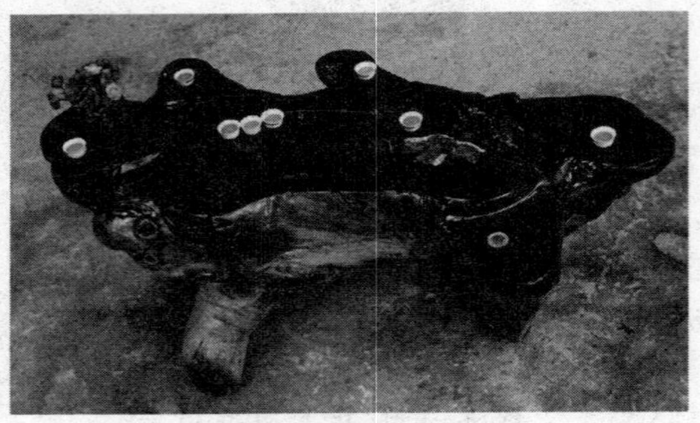

图 5-17　树根家具

二、室内家具风格分析

居室中的家具除了具备坐、卧、储藏等功能之外，还应考虑其外观的审美性。因为受到人们的年龄、喜好、受教育的程度以及社会地位、流行趋势等因素的影响，家具的形态多种多样，包括新古典、现代、田园、地中海、中式、欧式等风格。

（一）新古典风格

新古典风格的家具，其实是加入了现代元素的古典风格，它在保留了欧式风格的雍容尊贵、精雕细刻的同时，又将过于复杂的肌理和装饰做了简化处理，使其更符合现代人的审美观。设计师将古典风范、个人风格以及现代元素结合起来，使新古典家具呈现出多姿多彩的面貌。白色、咖啡色、深紫、绛红是新古典家具常用的色调，少量加入银色或金色装饰，看起来时尚、个性。

（二）现代风格

现代风格造型简洁，线条简单，没有过多的繁复装饰，讲究的是家具的功能设计，它以先进的科技和新型的材料为表现形式。现代风格的家具常用的材料为玻璃、金属、板材等，因其造型简单时尚，价格便宜，多受到年轻人的追捧。但是，现代风格的家具对空间的布局和使用功能要求比较高，主张功能性的需求，着重发挥形式美。

（三）欧式风格

欧式风格的家具裁剪雕刻讲究，手工精细，整体的轮廓及结构的转折部分常为曲线或曲面的构成，并常伴有镀金的线条装饰，整体给人的感觉是富丽堂皇、华贵优雅。

在室内的装饰选择上，欧式因其尊贵的视觉效果，非常受人青睐。根据欧式家具的装饰特点和色彩处理，欧式家具常分为欧式古典家具、欧式新古典家具、现代欧式家具、欧式田园家具。

（四）地中海式风格

地中海风格的家具根植于巴洛克风格，并融入了田园风格的韵味，其家具的线条简单柔和，不是直来直去的线条，多为弧状或拱状。在色彩上，一般会选择接近自然的柔和色彩，多以蓝色和白色为主，时时能感受到单纯自然的地中海气息。在选材和质感上，多为木质和布艺，木质的家具表面通常做旧，表现质朴。布艺的家具则多为色彩清爽的碎花、条纹或格子，追求休闲舒适的自然气质。

（五）中式风格

中式风格的家具多为明清时的家具样式，融合了中国传统庄重与优雅的双重气质。在中式风格中用得比较多的是屏风、圈椅、官帽椅、案、榻、罗汉床等，颜色多以原木色、暗红色、深棕色为主。一件件家具仿佛一首首经典的老歌，流淌在空间中的每一个音符都耐人寻味。

新中式风格中，则是将这些繁复的传统元素符号进行提取或简化，用最简单的语言来表达。古典的语言、现代的手法、意境的注入等，这些都表现着现代人对意味悠久、隽永含蓄、古老神秘的东方精神的追求。

（六）田园风格

田园风格追求的是一种回归自然、娴雅舒适的乡村生活气息，在室内空间中力求营造出一种悠闲、自然的生活情趣。田园风格的家具一般多用木、藤、竹、石为材质，或用材质质朴的纹理饰面。

三、室内家具的布置与设计

（一）家具格局的陈设与放置

陈设格局即家具布置的结构形式。格局问题的实质是构图问题。总的来说，陈设格局分规则和不大规则两大类，规则式多表现为对称式（图 5-18），有明显的轴线，特点是严肃和庄重，因此，常用于会议厅、接待室和宴会厅，主要家具成圆形、方形、矩形或马蹄形。不规则式的特点是不对称，没有明显的轴线，气氛自由、活泼、富于变化，因此，常用于休息室、起居室、活动室等。这种格局在现代建筑中最常见，因为它随和、新颖，更适合现代生活的要求。不论采取哪种格局，家具布置都应符合有散有聚、有主有次的原则。一般地说，空间小时，宜聚不宜散；空间大时，宜适当分散。

图 5-18　家具的对称摆放

室内空间的位置环境各不相同，在位置上有靠近出入口的地带、室内中心地带、沿墙地带或靠窗地带，以及室内后部地带等区别，各个位置的环境如采光效率、交通影响、室外景观各不相同。应结合使用要求，使不同家具的位置在室内各得其所。

（二）家具数量的选择与确定

室内家具的数量，要根据不同性质的空间的使用要求和空间的面积大小来决定，在诸如教室、观众厅等空间内，家具的多少是严格按学生和观众的数量决定的，家具尺寸、行距、排距都有明确的规定。在一般房间如卧室、客房、门厅中，则应适当控制家具的类型和数量，在满足基本功能要求的前提下，充分考虑容纳人数和空间活动的舒适度，尽量留出较多的空间，以免给人拥挤不堪、杂乱无章的印象。

第二节　室内色彩风格设计

一、色彩原理——色彩三要素

色相、明度和纯度是色彩的三要素。

色相是色彩的表象特征，通俗地讲就是色彩的相貌，也可以说是区别色彩用的名称。通俗一点讲，所谓色相是指能够比较确切地表示某种颜色的色别名称，如玫瑰红、橘黄、柠檬黄、钴蓝、群青、翠绿等等，用来称谓对在可视光线中能辨别的每种波长范围的视觉反应。色相是有彩色的最重要的特征，它是由色彩的物理性能所决定的，由于光的波长不同，特定波长的色光就会显示特定的色彩感觉，在三棱镜的折射下，色彩的这种特性会以一种有序排列的方式体现出来，人们根据其中的规律性，便制定出色彩体系。色相是色彩体系的基础，也是我们认识各种色彩的基础，有人称其为“色名”,是我们在语言上认识色彩的基础。

明度指色彩的明暗差别。不同色相的颜色,有不同的明度,黄色明度高,紫色明度低。同一色相也有深浅变化,如柠檬黄比橘黄的明度高,粉绿比翠绿的明度高,朱红比深红的明度高等等。在无彩色中,明度最高的色为白色,明度最低的色为黑色,中间存在一个从亮到暗的灰色系列。

纯度——又称“饱和度”,它是指色彩鲜艳的程度。纯度的高低决定了色彩包含标准色成分的多少。在自然界,不同的光色、空气、距离等因素,都会影响到色彩的纯度。比如,近的物体色彩纯度高,远的物体色彩纯度低,近的树木的叶子色彩是鲜艳的绿,而远的则变成灰绿或蓝灰等。

图 5-19 为色环图。

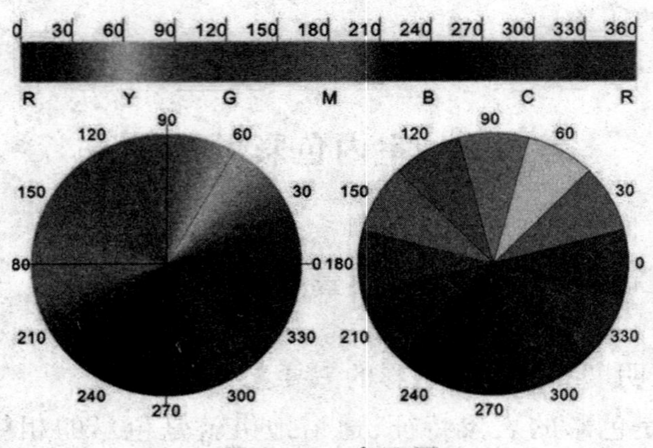

图 5-19　色环图

二、色彩的情感效应

色彩的情感效应及所代表的颜色,见表 5-1。

表 5-1 色彩的情感效应

色彩情感	产生原理	代表颜色
冷暖感	冷暖感本来是属于触感的感觉，然而即使不去用手摸而只是用眼看也会感到暖和冷，这是由于一定的生理反应和生活经验的积累的共同作用而产生的。	暖色，如紫红、红、橙、黄、黄绿。冷色，如绿、蓝绿、蓝、紫。
轻重感	轻重感是物体质量作用于人类皮肤和运动器官而产生的压力和张力所形成的知觉。	明度、彩度高的暖色（白、黄等），给人以轻的感觉，明度、彩度低的冷色（黑、紫等），给人以重的感觉。按由轻到重的次序排列：白、黄、橙、红、中灰、绿、蓝、紫、黑。
软硬感	色彩的明度决定了色彩的软硬感。它和色彩的轻重感也有着直接的关系。	明度较高、彩度较低、轻而有膨胀感的暖色显得柔软。明度低、彩度高、重而有收缩感的冷色显得坚硬。
欢快和忧郁感	色彩能够影响人的情绪，形成色彩的明快与忧郁感，也称色彩的积极与消极感。	高明度、高纯度的色彩比较明快、活泼，而低明度、低纯度的色彩则较为消沉、忧郁。无彩色中黑色性格消极，白色性格明快，灰色适中，较为平和。
舒适与疲劳感	色彩的舒适与疲劳感实际上是色彩刺激视觉生理和心理的综合反应。	暖色容易使人感到疲劳和烦躁不安；容易使人感到沉重、阴森、忧郁；清淡明快的色调能给人以轻松愉快的感觉。
兴奋与沉静感	色相的冷暖决定了色彩的兴奋与沉静，暖色能够使人充满活力；冷色系则给人以沉静感。	彩度高的红、橙、黄等鲜亮的颜色给人以兴奋感；蓝绿、蓝、蓝紫等明度和彩度低的深暗的颜色给人以沉静感。
清洁与污浊感	有的色彩令人感觉干净、清爽，而有的浊色，常会使人感到藏有污垢。	清洁感的颜色如明亮的白色、浅蓝、浅绿、浅黄等；污浊的颜色如深灰或深褐。

三、色彩性格及在室内设计中的应用

（一）红色

红色是一种热烈而欢快的颜色，它在人的心理上是热烈、温暖、冲动的颜色。红色能烘托气氛，给人以热情、热烈、温暖或完满的感觉，有时也会给人以愤怒、兴奋或挑逗的感觉。在红色的感染下人们会产生强烈的战斗意志和冲动，红色有积极向上、活力、奔放、健康的感觉。

红色运用于室内设计，可以大大提高空间的注目性，使室内空间产生温暖、热情、自由奔放的感觉，另外红色有助于增强食欲，可用于厨房装饰，见图 5-20。

图 5-20　红色——热情的厨房设计

（二）绿色

绿色具有清新、舒适、休闲的特点，有助于消除神经紧张和视力疲劳。绿色象征青春、成长和希望，使人感到心旷神怡，舒适平和。绿色是富有生命力的色彩，使人产生自然、休闲的感觉。绿色运用于室内装饰，可以营造出朴素简约、清新明快的室内气氛，见图 5-21。

图 5-21　绿色——清新、明快的办公室内设计

（三）黄色

黄色具有高贵、奢华、温暖、柔和、怀旧的特点。黄色能引起人们无限的遐想，渗透出灵感和生气，使人欢乐和振奋。黄色具有帝王之气，象征着权利、辉煌和光明；黄色高贵、典雅，具有大家风范；黄色还具有怀旧情调，使人产生古典唯美的感觉。黄色是室内设计中的主色调，可以使室内空间产生温馨、柔美的感觉，见图 5-22。

图 5-22　黄色——温馨的家居室内设计

（四）蓝色

蓝色具有清爽、宁静、优雅的特点，象征深远、理智和诚实。蓝色使人联想到天空和海洋，有镇静作用，能缓解紧张心理，增添安宁与轻松之感。蓝色宁静又不缺乏生气，高雅脱俗。蓝色运用

于室内装饰，可以营造出清新雅致、宁静自然的室内气氛，见图5-23。

图 5-23　蓝色——宁静雅致的室内设计

（五）黑色

黑色具有稳定、庄重、严肃的特点，象征理性、稳重和智慧。黑色是无彩色系的主色，可以降低色彩的纯度，丰富色彩层次，给人以安定、平稳的感觉。黑色运用于室内装饰，可以增强空间的稳定感，营造出朴素、宁静的室内气氛，见图 5-24。

图 5-24　黑色——稳重、朴素的展厅室内设计

（六）白色

白色具有简洁、干净、纯洁的特点，象征高贵、大方。白色使人联想到冰与雪，具有冷调的现代感和未来感。白色具有镇静作用，给人以理性、秩序和专业的感觉。白色具有膨胀效果，可以使

空间更加宽敞、明亮。白色运用于室内装饰，可以营造出轻盈、素雅的室内气氛，见图 5-25。

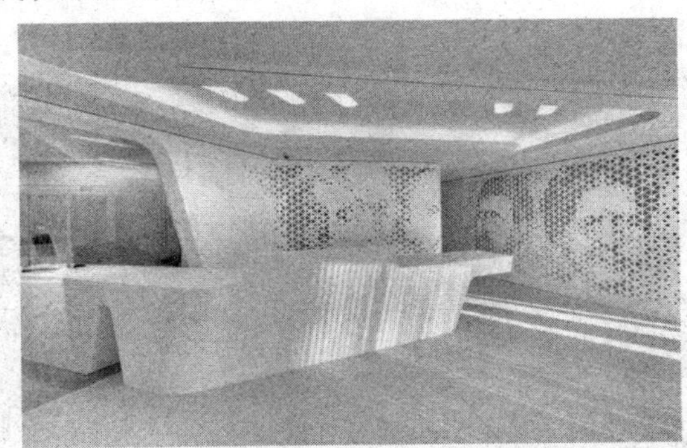

图 5-25 白色——干净、高贵的银行室内设计

（七）紫色

紫色具有冷艳、高贵、浪漫的特点，象征天生丽质、浪漫温情。紫色具有罗曼蒂克般的柔情，是爱与温馨交织的颜色，尤其适合新婚的小家庭。紫色运用于室内装饰，可以营造出高贵、雅致、纯情的室内气氛，见图 5-26。

图 5-26 紫色——冷艳、高贵的贝尼多姆大使酒店室内设计

（八）灰色

灰色具有简约、平和、中庸的特点，象征儒雅、理智和严谨。灰色是深思而非兴奋、平和而非激情的色彩，使人视觉放松，给人

以朴素、简约的感觉。此外,灰色使人联想到金属材质,具有冷峻、时尚的现代感。灰色运用于室内装饰,可以营造出宁静、柔和的室内气氛,见图 5-27。

图 5-27　灰色——简约、时尚的室内设计

（九）褐色

褐色具有传统、古典、稳重的特点,象征沉着、雅致。褐色使人联想到泥土,具有民俗和文化内涵。褐色具有镇静作用,给人以宁静、优雅的感觉。中国传统室内装饰中常用褐色作为主调,体现出东方特有的古典文化魅力,见图 5-28。

图 5-28　褐色——中国传统风格的室内设计

四、室内色彩的搭配与组合设计

色彩的搭配与组合可以使室内色彩更加丰富、美观。室内色

彩搭配力求和谐统一，通常用两种以上的颜色进行组合，要有一个整体的配色方案，不同的色彩组合可以产生不同的视觉效果，也可以营造出不同的环境气氛。

黄色 + 茶色（浅咖啡色）：怀旧情调，朴素、柔和

蓝色 + 紫色 + 红色：梦幻组合，浪漫、迷情

黄色 + 绿色 + 木本色：自然之色，清新、悠闲

黑色 + 黄色 + 橙色：青春动感，活泼、欢快

蓝色 + 白色：地中海风情，清新、明快

青灰 + 粉白 + 褐色：古朴、典雅

红色 + 黄色 + 褐色 + 黑色：中国民族色，古典、雅致

米黄色 + 白色：轻柔、温馨

黑 + 灰 + 白：简约、平和

第三节 室内照明风格设计

一、室内照明工具的类别

（一）吸顶灯

吸顶灯（图 5-29）是一种通常安装在房间内部的天花板上，光线向上射，通过天花板的反射对室内进行间接照明的灯具。吸顶灯的光源有普通白炽灯、荧光灯、高强度气体放电灯、卤钨灯等。吸顶灯主要用于卧室、过道、走廊、阳台、厕所等地方，适合作整体照明用。吸顶灯灯罩一般有乳白玻璃和 PS（聚苯乙烯）板两种材质。吸顶灯的外形多种多样，有长方形、正方形、圆形、球形、圆柱形等。其特点是比较大众化，而且经济实惠。吸顶灯安装简易，款式简单大方，能够赋予空间清朗明快的感觉。

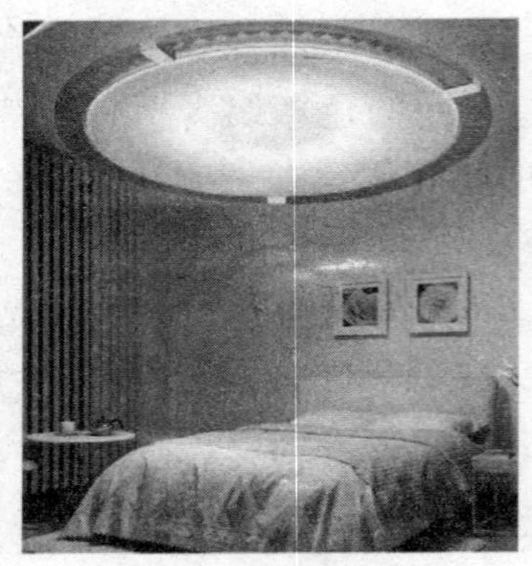

图 5-29　卧室吸顶灯

另外，吸顶灯有带遥控和不带遥控两种，带遥控的吸顶灯开关方便，适用于卧室中。

（二）吊灯

吊灯是最常采用的直接照明灯具，因其明亮、气派，常装在客厅、接待室、餐厅、贵宾室等空间里。吊灯一般都有乳白色的灯罩。灯罩有两种，一种是灯口向下的，灯光可以直接照射室内，光线明亮；另一种是灯口向上的，灯光投射到顶棚再反射到室内，光线柔和，如图 5-30 所示。

图 5-30　客厅吊灯

吊灯可分为有单头吊灯和多头吊灯。在室内软装设计中，厨房和餐厅多选用单头吊，客厅多选用多头吊灯。吊灯通常以花卉造型较为常见，颜色种类也较多。吊灯的安装高度应根据空间属性而有所不同，公共空间相对开阔，其最低点应离地面一般不应小于 2.5m，居住空间不能少于 2.2m。

吊灯的选用要领主要体现在以下几个方面：

其一，安装节能灯光源的吊灯，不仅可以节约用电，还可以有助于保护视力（节能灯的光线比较适合人的眼睛）。另外，尽量不要选用有电镀层的吊灯，因为电镀层时间久了容易掉色。

其二，由于吊灯的灯头较多，通常情况下，带分控开关的吊灯在不需要的时候，可以局部点亮，以节约能源与支出。

其三，一般住宅通常选用简洁式的吊灯；复式住宅则通常选用豪华吊灯，如水晶吊灯。

（三）射灯

射灯主要用于制造效果，点缀气氛，它能根据室内照明的要求。灵活调整照射的角度和强度，突出室内的局部特征，因此多用于现代流派照明中（图 5-31）。

图 5-31　射灯

射灯的颜色有纯白、米色、黑色等多种。射灯外形有长形、圆形，规格、尺寸、大小不一。因为射灯造型玲珑小巧，非常具有装饰性。射灯光线柔和，既可对整体照明起主导作用，又可局部采光，烘托气氛。

（四）落地灯

落地灯是一种放置于地面上的灯具，其作用是用来满足房间局部照明和点缀装饰家庭环境的需求。落地灯一般布置在客厅和休息区域里，与沙发、茶几配合使用。落地灯除了可以照明，也可以制造特殊的光影效果。一般情况下，灯泡瓦数不宜过大，这样的光线更便于创造出柔和的室内环境。落地灯常用作局部照明，强调移动的便利，对于角落气氛的营造十分实用，如图 5–32 所示。落地灯通常分为上照式落地灯和直照式落地灯。

图 5–32 落地灯

（五）台灯

台灯是日常生活中用来照明的一种家用电器，多用于床头、写字台等处。台灯一般应用于卧室以及工作场所，以解决局部照明。绝大多数台灯都可以调节其亮度，以满足工作、阅读的需要。台灯的最大特点是移动便利。

台灯分为工艺用台灯（装饰性较强）和书写用台灯（重在实用）。在选择台灯的时候，要考虑选择台灯的目的是什么。一般情况下，客厅、卧室多用装饰台灯（图 5–33），而工作台、学习台则用节能护眼台灯，但节能灯的缺点是不能调整光的亮度。

图 5-33 卧室台灯

（六）筒灯

筒灯是一种嵌入顶棚内、光线下射式的照明灯具，如图 5-34 所示。筒灯一般装设在卧室、客厅、卫生间的周边顶棚上。它的最大特点就是能保持建筑装饰的整体与统一，不会因为灯具的设置而破坏吊顶艺术的完美统一。

图 5-34 筒灯

（七）壁灯

壁灯是室内装饰常用的灯具之一，一般多配以浅色的玻璃灯罩，光线淡雅和谐，可把环境点缀得优雅、富丽、柔和，倍显温馨，尤其适于卧室，如图 5-35 所示。壁灯一般用作辅助性的照明及装饰，大多安装在床头、门厅、过道等处的墙壁或柱子上。壁灯的安装高度一般应略超过视平线 1.8m 高左右。卧室的壁灯距离地面可以近些，1.4—1.7m 为准。壁灯的照度不宜过大，以增加感染力。

图 5-35 壁灯

壁灯不是作为室内的主光源来使用的，其造型要根据整体风格来定，灯罩的色彩选择应根据墙色而定，如白色或奶黄色的墙，宜用浅绿、淡蓝的灯罩；湖绿和天蓝色的墙，宜用乳白色、淡黄色的灯罩。在大面积一色的底色墙布上点缀一只显目的壁灯，能给人幽雅清新之感。另外，要根据空间特点选择不同类型的壁灯。例如，小空间宜用单头壁灯；较大空间就用双头壁灯；大空间应该选厚一些的壁灯。

二、室内照明风格分析

室内照明风格是指室内照明在造型、材质和色彩上呈现出来的独特的艺术特征和品格。室内照明的风格主要有以下几类。

（一）欧式风格

欧式风格（图 5-36）的室内照明强调以华丽的装饰、浓烈的色彩和精美的造型达到雍容华贵的装饰效果。其常使用镀金、铜和铸铁等材料，显现出金碧辉煌的感觉。

图 5-36　欧式照明风格

（二）中式风格

中式风格（图 5-37）的室内照明造型工整，色彩稳重，多以镂空雕刻的木材为主要材料，营造出室内温馨、柔和、庄重和典雅的氛围。

图 5-37　中式室内照明

（三）现代风格

现代风格的室内照明造型简约、时尚，材质一般采用具有金属质感的铝材、不锈钢或玻璃，色彩丰富，适合与现代简约型的室内装饰风格相搭配。如图 5-38 所示。

图 5-38　现代风格的室内照明

（四）田园风格

田园风格的室内照明倡导“回归自然”的理念，美学上推崇“自然美”，力求表现出悠闲、舒畅、自然的田园生活情趣。在田园风格里，粗糙和破损是允许的，因为只有这样才更接近自然。田园风格的用料常采用陶、木、石、藤、竹等天然材料，这些材料粗犷的质感正好与田园风格不饰雕琢的追求相契合，显现出自然、简朴、雅致的效果，如图 5-39 所示。

图 5-39　田园风格的室内照明

三、室内照明设计的原则要求

（一）分清主次

室内照明在设计时应注意主次关系的表达。因为室内照明是依托室内整体空间和室内家具而存在的，室内空间中各界面的处理效果，室内家具的大小、样式和色彩，都对室内照明的搭配产生影响。为体现室内照明的照射和反射效果，在室内界面和家具材料的选择上可以尽量选用一些具有抛光效果的材料，如抛光砖、大理石、玻璃和不锈钢等。

室内照明设计时还应充分考虑照明的大小、比例、造型样式、色彩和材质对室内空间效果造成的影响，如在方正的室内空间中可以选择圆形或曲线形的照明，使空间更具动感和活力；在较大的宴会空间，可以利用连排的、成组的吊灯，形成强烈的视觉冲击，增强空间的节奏感和韵律感。

（二）体现文化品位

室内照明在装饰时需要注意体现民族和地方文化特色。许多中式风格的空间常用中国传统的灯笼、灯罩和木制吊灯来体现中国特有的文化传承。一些泰式风格的度假酒店，也选用东南亚特制的竹编和藤编照明来装饰室内，给人以自然、休闲的感觉。

（三）照明风格相互协调

室内照明搭配时应注意照明的格调要与室内的整体环境相协调。如中式风格室内要配置中式风格的照明，欧式风格的室内要配置欧式风格的照明，切不可张冠李戴，混杂无序。

第四节　室内软装风格设计

一、国内外室内软装的历史与发展趋势

（一）国内室内软装的发展历史

1. 软装饰的产生及原始社会的软装饰

中国作为一个历史悠久的文明古国，早在原始社会人们刚刚懂得使用工具进行生产劳动的阶段就有了软装饰的雏形。原始社会，人类通过劳动创造了“居室”，而伴随居室出现的仿生图像为最初的装饰历史考证。

在北方，多以石穴为居，因此装饰图像以石壁凿刻为主，以狩猎场面为主要内容的岩画分布广泛，如黑山岩画《猫虎扑食图》（图 5-40）。

图 5-40　《猫虎扑食图》

南方则以古老的陶器为主要器皿，原始人用动物鲜血和赤铁矿粉涂绘或用羽毛笔绘制形若羚羊、飞鸟等动物图像的纹样在陶器上，作为最初的“装饰艺术”。目前已获考证的有新石器时代半坡出土的彩陶器皿（图 5-41），上有鸟兽奔跑的仿生图样。

图 5-41　新石器时代的彩陶器皿

2. 商周至春秋战国时期的软装饰

而后，根据象形文、甲骨文以及商、周代的铜器的记载和纹样的推测，当时已开始用兽皮、树叶、筋葛等制成的编织物来铺设室内的地面和墙面，并产生了几、桌、箱柜的雏形。至春秋战国时期，湖南长沙楚墓出土的文物中，漆案、木几、木床、壁画、青铜器等反映了当时已经拥有精美的彩绘和浮雕艺术作为处理居室视觉效果的装饰手法，著名的以灵魂升天为主要题材的帛画《人物龙凤图》（图 5-42）、《人物驭龙图》及青铜器错银环耳扁壶都体现着当时的装饰水平。

图 5-42　《人物龙凤图》

3. 汉代的软装饰

纺织品的出现也使室内软装饰的发展迈进了一大步。自汉代以来，帛画成了重要的室内软装饰元素。古词《孔雀东南飞》中又有“红罗复斗帐，四角垂香囊”的词句，以及马王堆出土的汉代帛画（图 5-43），这些都是汉代纺织品在建筑的内部空间中用于装饰的生动写照。

图 5-43　汉马王堆出土帛画

4. 唐代的软装饰

唐朝是中国历史上最辉煌的朝代，织物织锦、线毯、绢丝描绘了皇宫华贵艳丽的场面，诗人白居易在《红线毯》中写道：“红线毯，择茧缫丝清水煮，拣丝拣线红蓝染。染为红线红于蓝，织作披香殿上毯。披香殿广十丈余，红线织成可殿铺。彩丝茸茸香拂拂，线软花虚不胜物。美人踏上歌舞来，罗袜绣鞋随步没……”表现了织物绣品装饰的盛行，除了有“殿广十丈余”，更为“彩丝茸茸”“线软花虚”的红丝毯所衬托。图 5-44 为唐代凤凰纹织锦。

另外，在南唐宫廷画院顾闳中的《韩熙载夜宴图》（图 5-45）及周文矩的《重屏绘棋图》（图 5-46）中可以看出唐代已出现造型成熟的几、桌、椅、三折屏、宫灯、花器等软装饰家具及摆件饰物。而在唐代诗人王建的《宫词》中曾咏道：“一样金盘五千面，红酥点出牡丹花”，反映出唐朝大量使用装饰精美的金银器皿的真实情景。

图 5-44　唐凤凰纹织锦

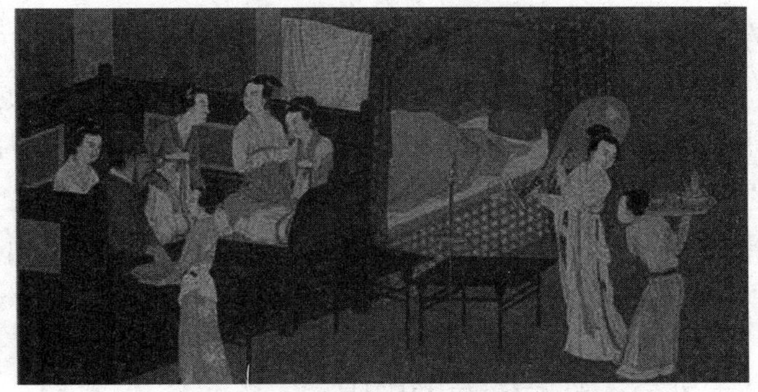

图 5-45　《韩熙载夜宴图》

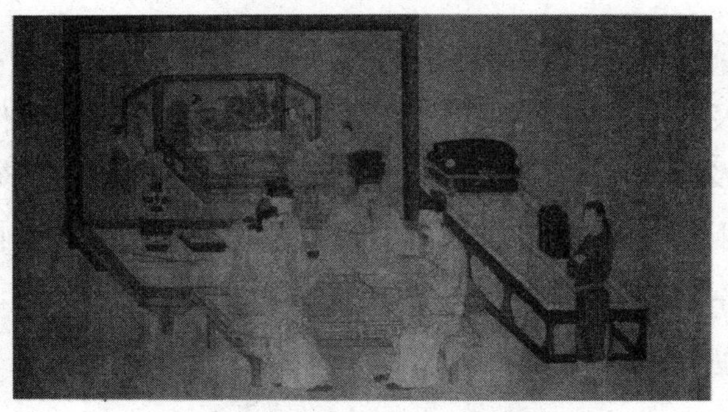

图 5-46　《重屏绘棋图》

5. 明清时期的软装饰

进入到明清时期后，软装饰中的家具有了重大突破，从古人"席地而坐"的坐卧式家具，过渡到各种造型的椅子及高桌，并在雕琢装饰工艺上大下功夫，因此明清时期的家具一直被人们关注至今，成为中式古典装饰风格中代表性的设计元素，如图 5-47 和图 5-48。

图 5-47 明代家具

图 5-48 清代家具

勤劳聪慧的中国人民自古就拥有室内装饰的创造力和鉴赏力，注重表达情感的意境，布置书画、对联，追求诗情画意，在室内装饰设计上融入儒家文化礼制思想，强调人文意识，并注重感官和视觉的舒适度。

21 世纪的中国，室内软装饰方而为更多人所关注和研究，正以快捷的步伐飞速发展。

（二）国外室内软装的发展历史

1. 古代室内装饰

古埃及、古希腊、古罗马都是具有古老装饰艺术代表性的国家。古埃及神庙和陵墓中精美的壁画（图 5-49），雕刻精致的家具体现着王室生活方式。古希腊、古罗马的雕塑、壁画、器皿上的装饰风格体现着亚平宁半岛的特有风情，见图 5-50 和图 5-51。

2. 中世纪的软装饰

用于受到极强的宗教影响，室内装饰呈现出以拜占庭文化为主的波斯王朝特色的装饰元素及以哥特文化为主的基督题材装饰绘画，如图 5-52 和图 5-53 所示。

图 5-49　古埃及陵墓壁画

图 5-50　古希腊雕塑赫格索墓碑

图 5-51　古罗马壁画《文明风》

图 5-52　中世纪拜占庭建筑

图 5-53　中世纪哥特式绘画

3. 文艺复兴时期的软装饰

文艺复兴时期，室内装饰从宗教色彩回到了世俗生活，强调以人为本的观念，但装饰的手法更为繁复、奢华，无不彰显贵气，如图 5-54 的巴洛克风格装饰和图 5-55 的洛可可风格装饰。

图 5-54　巴洛克风格装饰

图 5-55　洛可可风格装饰

4. 近代欧洲软装饰的发展与复兴

近代软装饰艺术发源于现代欧洲，又被称为装饰派艺术，也称“现代艺术”。它兴起于 20 世纪 20 年代，经过 10 年的发展，于 30 年代形成了声势浩大的软装饰艺术。此时的室内软装饰深受包豪斯学院派思潮影响，装饰图案呈几何型或由具象形式演化而成，所用材料丰富且以贵重的居多，装饰主题体现着人类的回归情节，如图5-56中由密斯·凡·德罗设计的巴塞罗那德国馆。

图5-56　密斯·凡·德罗的巴塞罗那德国馆

软装饰艺术在第二次世界大战后的数年里已不再流行，但从20世纪60年代后期开始重新引起了人们的注意，并获得了复兴，到现阶段软装饰已经到了比较成熟的程度。

（三）室内软装发展的现状

在人类的环境意识逐渐觉醒的今天，人们发现自己的生活空间已被千篇一律的程式化布置或早已被别人设计好的环境不断扭曲时，开始渴求自身价值的回归，寻求“人—空间—环境”的和谐共生的空间环境。这就需要我们的软装饰设计以人为本，配合室内环境的总体风格，利用不同装饰物所呈现出的不同性格特点和文化内涵，使单纯、枯燥、静态的室内空间变成丰富的、充满情趣的、动态的空间。

一位资深家居设计大师认为，就家居环境而言，软装饰设计是对主人的修养、兴趣、爱好、审美、阅历，甚至情感世界的诠释；也有从家装市场反馈的最新消息称，近六成的装修公司设计师认为：时尚、高档硬体装修材料并非是优质装修的必要条件，整体装修效果的突出更多源自新颖的装修手法、合理的家具配置及精心选用的饰品，这些软装饰设计成为业主对家庭人居环境关注的核心。

软装饰本身具有简单易行、花费少、随意性大、便于清洁等优点，随着大众收入的提高，室内软装饰消费正成为室内空间装饰的新热点。根据市场上装饰公司的调查数据显示，在国内，一般家庭新居装修第一年的总花费的平均值为71038.6元，其中硬装修的平均花费为57 591元，占总装修支出费用的81.1%。而用于软装的平均消费为13 447.6元，占总装修支出的18.9%。然而从第二年开始，用于硬装修的费用几乎没有，更多的家庭会通过更新或添加软装来弥补硬装修的遗憾和陈旧。这组调查数据显示，第二年起，一个家庭用于软装的花费每年平均为7786.8元，而且会随着年数的递增，物品的新旧更替，流行风尚的潮流交替，室内布局的变动等，软装的花费还会不断提升。

"轻硬装，重软装"的居家理念正在风行。软装市场迅速涌现宜家、特力屋、百安居三大家饰软装品牌。在一些经济发达的沿海城市，如北京、上海、深圳、广州等地相继出现了专业的软装饰设计服务公司，在室内软装饰设计的实践应用方面做出初步的探索。尤其上海，作为中国软装饰界的先驱之地，与软装饰相关的各大花艺专营市场、灯具专营市场林立，大型家具专卖店、大型饰品专卖店以及专业的软装时尚杂志等都应运而生，并迅速成为这个国际大都市的一枚不可缺少的时尚标志。

（四）室内软装饰发展的趋向

如今，个性化与人性化设计日益受到重视，人们也越来越关注自身价值的回归。这一点尤其体现在软装饰设计上。营造理想的个性化、人性化环境，就必须处理好软装饰，就要从满足使用者的需求心理出发进行设计。不同的政治、文化背景，不同社会地位的人，有着不同的消费需求，也就有不同的"软装饰"理想。只有对不同的消费群进行深入研究，才能创造出个性化的室内软装饰；只有把人放在首位，以人为本，才能使设计人性化。从室内软装饰的发展和现状中发现，室内软装饰设计呈现出以下几种趋向。

1. 软装饰投资的扩大

随着人们环境意识与审美意识的逐渐提高，人们精神领域的需求越来越多。舒适的生活环境、室内造型能够带给人心灵的慰藉与视觉的享受。因此，满足人们和谐、舒适需求的设计将越来越受追捧，而这种和谐与舒适最主要体现在室内的软装饰设计上。人们会购入较多的工艺品、收藏品，设置更多的装饰造型景观，对室内色彩与材质更加关注等，即在室内软装饰上下本钱。可以预见，未来室内软装饰的投资比重将会越来越大。

2. 个性化与人性化增强

个性与人性是当今设计的一项重要创作原则，因为缺乏个性与人性的设计不能够满足人们的精神需求。千篇一律的风格使人缺少认同感与归属感。因此，在装饰上塑造个性化与人性化的环境是装饰设计师必须要实现的一个宗旨。

3. 注重室内文化的品位

如今的室内空间无论是在造型设计上，还是在室内软装饰中，都将在重视空间功能的基础上，加入文化性与展示性因素，如增添家居的文化氛围，将精美的收藏品陈列其中，同时使用具有传统文化内涵的元素进行具体的展示与塑造，使人产生置身于文化、艺术空间的感觉。

4. 注重民族传统

中国传统古典风格具有庄重、优雅的双重品质。如电视剧《红楼梦》里所展现的一系列的古色古香的装饰：墙面的装饰有手工织物（如刺绣的窗帘等）、中国山水挂画、书法作品、对联等；地面铺手织地毯，配上明清时代的古典家具，靠垫用绸、缎、丝、麻等材料做成，表面用刺绣或印花图案做装饰。这种具有中国民族风格的装饰使得室内空间充满了韵味，这也是室内软装饰设计所要追求的本质内容。

5. 注重生态化

科技的发展为装饰设计提供了新的理论研究与实践契机。现代室内软装饰设计应该充分考虑人的健康，最大限度地利用生态资源创造适宜的人居环境。为室内空间注入生态景观已经是室内软装饰设计必不可少的一个装饰惯例，而有效、合理地设置和利用生态景观则是室内软装饰设计中要充分考虑的因素，这就要求设计师能够把室内空间纳入到一个整体的循环体系中来。

二、室内软装设计的形式美法则

室内软装饰设计的形式美法则主要包括对比与和谐、统一与变化、节奏与韵律三个方面的内容。

（一）对比与协调

对比与协调是一对对立统一体，设计师在设计室内软装时，要注意把握两者之间的平衡关系，并根据所设计的作品的实际情况进行归纳、整合，只有将两者有机、安定地结合，才能使所设计出来的作品呈现出更高层次的美感。

1. 对比

对比，是指在一个造型中包含着相对或相互矛盾的要素，是两种不同要素的对抗。也就是说两种以上不同性质或不同分量的物体在同一空间或同一时间中出现时，就会呈现出视觉上的对比，彼此不同的个性会更加显著。

室内软装饰设计的对比原则是指室内的软装饰陈设在搭配时，应注意在和谐统一的前提下，适当地在样式、材料和色彩等方面进行差异变化，避免搭配时由于过度的协调而形成的呆板感。

在室内软装设计中，应用对比的设计手法，可使形态充满活力与动感，又可起到强调突出某一部分或主题的作用，使设计个性鲜明。其主要原因是因为对比产生的效果能强烈刺激视觉，从而产生紧张感，继而在视觉上产生快感。对比要素有大—小，长—

短，宽—窄，厚—薄，黑—白，多—少，直—曲，锐—钝，水平—垂直，斜线—圆曲线，高—低，面—线，面—立体，线—立体，光滑—粗糙，硬—软，静止—运动，轻—重，透明—不透明，连续—断续，流动—凝固，甜—酸，强—弱，高音—低音，以及七色的色彩对比等。

2. 协调

协调是指整体中各个要素之间的统一与协调。其主体体现在事物内部之间的适应关系，如局部与局部之间、局部与整体之间。当这种关系十分协调时，也就得到了统一，继而也会出现和谐、安定的美感。

室内软装饰设计的协调原则是指室内的软装饰陈设在搭配时，应注意在风格、样式、材料和色彩等方面的和谐统一，避免搭配时的无序混搭。

协调在形态要素上主要有点、线、面、体的协调。通过对这些要素的处理，如对各要素之间的呼应、中和、关系等进行处理，便可获得形态构成美的秩序。

在室内软装设计中，设计者可以将相同性质的要素进行组合，从而达到和谐的目的。例如设计者可以在变化中追求形状、色彩或质地（肌理）等方面的相同和一致，来达到和谐的视觉效果。

综上所述，对比与和谐是对立统一的。它们也是形态设计中最富表现力的手段之一。室内软装饰设计应本着“大协调、小对比”的原则进行搭配。如图 5-57 所示。

图 5-57 对比与协调在室内软装设计中的应用

（二）统一与变化

1. 统一

任何一种完美的造型，都必须具有统一性。室内软装饰设计的统一原则是指室内的软装饰陈设在搭配时，应注意在风格、造型、色彩和环境的协调关系，使室内的整体效果和谐、统一。也就是说，设计师设计的同一物体，其要素的多次出现，或者不同要素趋向或安置在某个要素之中，都需要整体风格一致。这样才能使所设计的产品整体风格一致，给人井井有条的感觉。

事物的统一性和差异性，由人们通过观察而识别。但需要注意，若只追求统一，而忽略一些应有的变化，则会使设计的产品较为“呆滞”化。因此，设计师应该根据实际情况，理性对待。

2. 变化

变化是指设计的同一物体，其要素与要素之间要有差异性，或者相同要素在设计上要产生视觉差异感。这样做的目的是为了防止所设计物体的呆滞、生硬化。因此，对物体设计进行适当的变化，有利于突出物体的律动感，从而增加物体的生命力，进而才能吸引消费者。这也是为减轻心理压力、平衡心理状态服务的。

室内软装饰设计的变化原则是指室内的软装饰陈设在搭配时，应注意在统一的前提下，适当地在造型、色彩和照明等方面进行差异变化，如造型的曲直、方圆变化，色彩的冷暖、鲜灰、深浅变化，照明的强弱、虚实变化等。

需要注意的是，变化是相对的，必须有度。变化过多则会产生杂乱、无序，使视觉产生错乱的感觉，从而给消费者精神上带来烦躁、压抑、疲乏之感。因此，设计师需要根据实际效果进行合理的变化调配。

综上所述，在室内软装设计中，无论是物体的形态、色彩、装饰、肌理都要考虑统一与变化这一因素。也就是说，统一与变化必须有一个为主,其余为辅,合体调配(图 5-58)。

图 5-58　统一与变化在室内软装设计中的应用

(三)节奏与韵律

节奏与韵律在室内软装设计中是不可缺少的。例如线条的大小、粗细、疏密、刚柔、长短、曲直和形体的方、圆等有规律的变化,便可产生节奏与韵律。

1. 节奏

节奏在音乐中是指音乐节拍的强弱、长短、力度的大小交替出现。在客观世界中,许多事物或现象往往由于有规律的重复出现或有秩序的变化,就可唤起人们对美的情感,这正是节奏的魅力所在。在室内软装设计中,节奏关系主要是通过所设计物品的内在组成元素在一定空间范围内间隔的反复出现而被感知的,例如通过调节屋内家具或装饰的形态、大小、构件、质量等方面的规律变化,便可产生节奏感。

在实际设计中,如果审美对象所体现出的节奏,与人的生理自然秩序形成同步感应状态,人就感觉到和谐、愉快。所以具有美感的节奏,既是一种客观与主观的统一,也是一种心理与生理的统一。

2. 韵律

韵律是指图形形式上的优美情调,也是节奏与节奏之间运动所表现的姿态。韵律产生的美感则是一种抑扬关系有规律的重复、有组织的变化。韵律在视觉形象中往往表现为相对均齐的状态，在严谨平衡的框架中，又不失局部变化的丰富性。比如自然界中的潮起潮落、云卷云舒、满湖涟漪会引起人们对一些抽象元素不同的联想；起伏很大的折线、弧线使人感到动荡激昂；弧度不大的波状线使人感到轻快，这些联想正是韵律在人们审美意识中的影响。

在室内软装设计中，人们常常利用某些因素有规律的重复和交替，把有激动力的形、色、线有计划、有规律地组织起来，并使之符合一定的运动形式，如渐大或渐小、递增或递减、渐强或渐弱等。有秩序、按比例地交替组合运用就会产生具有旋律感的形式。

室内软装饰陈设在搭配时应利用有规律的、连续变化的形式形成室内的节奏感和韵律感，以丰富室内空间的视觉效果。节奏与韵律的表现可以通过多变的造型、多样的色彩和动感强烈的灯光来实现。

综上所述，节奏与韵律在室内软装设计中是不可缺少的。例如线条的大小、粗细、疏密、刚柔、长短、曲直和形体的方、圆等有规律的变化，便可产生节奏与韵律。在具体的形态设计中，设计者可以利用反复、渐变来表现律动美(图 5-59)。

图 5-59　节奏与韵律在室内软装设计中的应用

三、室内软装设计的手法

（一）对比手法

在室内软装饰的设计手法中，对比手法可分为两种基本形式，即同时对比和间隔对比。而软装饰中比较常用的是色彩对比和肌理对比。

1. 同时对比

同时对比一般所占的平面面积较小或空间较小，而且相对比较集中，效果比较强烈，往往会由此形成视觉中心或者说是趣味中心。但要防止出现杂乱无章的视觉效果。

（1）色彩对比

在同时对比中，运用得比较多的是色彩对比。在软装饰设计中设计师常常会对同一空间，或同一平面或同一类物体，采用两种完全对应或基本对应的色彩，进行装饰。红与绿、橙与蓝、黄与紫、黄橙与紫蓝、黄绿与紫红、橙红与蓝绿都是处于相对位置具有补色关系的两种色彩，如果把它们放在同一个平面（墙面、地面）或同一个空间内，或同一个物体上，就会给人带来很强的视觉冲击，这就是色彩对比。

纯黑、纯白在色彩中不是补色关系对比，将这两种无彩色放在一起，也会产生强烈的对比效果，但这叫无彩色对比。将纯粹的红、黑、白三色放在一起，叫纯三色对比。把红、黄、蓝放在一起，也叫三色对比，这些对比的结果都特别有刺激性，有引诱力，往往成为一个空间或一个平面中最吸引眼球的地方，如图 5-60 所示。

需要注意的是，在软装饰中进行色彩对比，既有上述的色相对比，还有色彩的明度对比、彩度对比、综合对比。在对比中必须注意所占色彩的面积必须相近，这样的空间才能比较协调、和谐。色彩基数的占有面积，有一定的比例关系，其中红色是 6，橙色是

4，黄色是3，绿色是6，蓝色是8，紫色是9。在同一空间或同一个平面的两种色彩搭配中，为了使色彩在感觉上做到平衡，各自面积应符合上述比例关系。如红色与绿色各自所占面积最好是1∶1，因为它们的基数都是6。如蓝色与橙色并置，那么各占的色彩最好是2∶1，因为蓝色是8，橙色是4。

要特别注意的是色彩对比的选择决不能失去和谐的基础，色彩过分突出，会产生零乱、生硬的感觉。

图5–60　红、黄、绿三色对比

（2）肌理对比

肌理是指材料本身的肌体、形态和表面纹理。在现代室内软装饰设计中，设计师往往通过材料肌理与质地的对比、组合来形成个性化的、不同凡响的空间环境。比如，家居设计中以木材和乱石墙装饰墙面，会产生粗犷的自然效果，而将木材与人工材料对比组合，则会在强烈的对比中使室内充满现代气息。这种做法有木地板与素混凝土的组合对比，也有石材与金属、玻璃的对比组合。毛石墙面近观很粗糙，远看则显得较平滑。石材的相对粗糙与木橱窗内精致的展品又形成鲜明的对比。图5–61是在一个客厅的玻璃隔断上，装上横排的规整木板，硬软对比，使隔断不再前后通透、一目了然，增加了秘密性又柔化了空间。

图 5-61　木质材料与玻璃隔断的对比组合

2. 间隔对比

间隔对比往往是两个对比的元素直线距长或空间距离较远，它能有利于对空间中的视觉中心起烘托作用，并使整体构图更加协调。在上海西区一幢建材企业的办公楼中，两个同样大小的会议室，一间用片石做壁面，另一间用大理石做壁面，前者粗糙有纹理，后者光滑无纹理，这叫肌理对比。从整座办公楼来说，它们还是协调的，但它们利用质面表面的粗糙、光滑形成不同的凹凸关系，给参观者带来不同的视觉效果，便于参观者对这些建材进行鉴赏。如图 5-62 所示，采用混凝土柱、竹帘、玻璃珠幕组合，给人带来视觉、触觉上的冲击。

图 5-62　采用间隔对比手法的室内软装饰

（二）均衡手法

均衡是对称关系中的不完全对称形式，指对应双方等量而不等形，它以支点为重心，保持异形各方力学的平衡形式，是以心理感受为依据的不规则、有变化的知觉平衡，知觉平衡是指形态的各种造型要素（如形、色、肌理等）和物理量感给人的综合感觉。

均衡的构图表面看起来无规律可循，却有着内在的平衡。就像秤杆一样，视觉上两边不一样大，但重量上是平衡的。然而，物理的均衡和视觉的均衡是不一样的，物理的均衡需要通过计算得到，而视觉均衡只凭直觉、凭感觉达到的心理上的平衡。

在室内软装饰设计中，如果要使一张画面达到均衡，需要调整画面中各种形状的大小、粗细、聚散，色彩的明暗、冷暖，位置的上下、左右，方向的不同朝向，重心的沉稳与飘浮等，要反复地比较、相互参照才能取得均衡（图 5-63）。

图 5-63　采用均衡手法设计的室内软装饰

决定视觉上均衡的要素很多也很复杂，但主要还是重量和方向这两个方面的因素。

在室内软装设计中，视觉均衡的重量方面主要有如下几点规律。

第一，形态复杂的在视觉上比形态简单的重量要重。因此一个较小的复杂的形态可以平衡一个较大的简单的形态。

第二，形态面积越大，在视觉上的重量就越重，也更加吸引人,更加引人注目。要想平衡一个较大的图形,需要两三个较小的图形才能达到。

第三,在色彩的冷暖方面,暖色比冷色在视觉上更重,所以一个较小的暖色形态可以平衡一个较大的冷色形态。

第四,色彩明度低的比色彩明度高的在视觉上的重量更重。

第五,在色彩的纯度上,纯度高的比纯度低的在视觉上显得重。

(三)呼应手法

在室内软装饰设计中,顶棚与地面、墙面、桌面或与其他部位,都可采用呼应的手法。呼应属于均衡的形式美,有的是在色彩上,有的在形体上,有的在构图上,有的则在虚实上、气势上起到呼应。图 5-64 所示中,顶棚与墙面、桌面在形态和色彩上相互呼应,形成热烈气氛。如图 5-65 所示,这个环形走道很长,采用黑白两色及装饰物前后呼应、延续,十分雅致。这种呼应手法运用在空间中,使空间获得了扩张感或导向作用,同时加深了人们对环境中重点景物的印象。

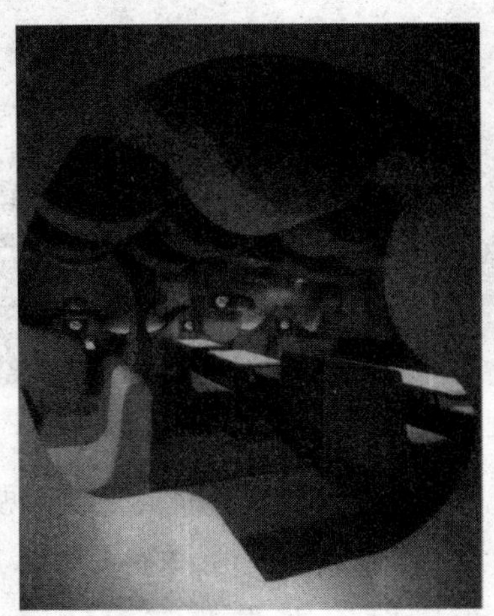

图 5-64　形态与色彩饰物前后呼应

图 5-65　黑白两色及装饰物的相互呼应

（四）简洁手法

简洁是现代建筑设计师特别推崇的一种表现手法，“少就是多，简洁就是丰富”便是简洁手法的设计观念，如图 5-66 所示。

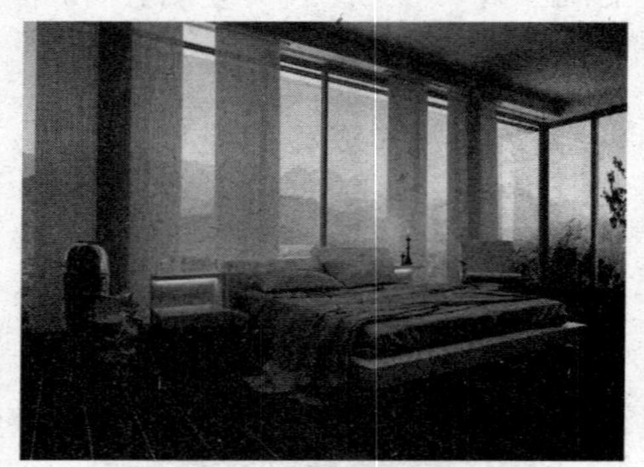

图 5-66　简洁手法（一）

简洁不是简单。简单有可能是贫乏或单薄，简洁则是一种审美的要求，它是现代人崇尚精神自由的一种体现。在室内软装饰设计中，简洁强调“少而精”，要求在室内环境中没有华丽的装饰和多余的附加物，把室内装饰减少到最小的程度，用干净、利落的线条、色彩和几何构图，构筑出令人赏心悦目、具有现代感的空间造型（图 5-67）。

图 5–67　简洁手法（二）

四、室内陈设风格设计

（一）室内功能性陈设

1. 餐具陈设

餐具是指就餐时所使用的器皿和用具。主要分为中式和西式两大类：中式餐具包括碗、碟、盘、勺、筷、匙、杯等，材料以陶瓷、金属和木制为主；西式餐具包括刀、叉、匙、盘、碟、杯、餐巾、烛台等，材料以铜、金、银、陶瓷为主。餐具是餐厅的重要陈设品，其风格要与餐厅的整体设计风格相协调，更要衬托主人的身份、地位、审美品位和生活习惯。一套形式美观且工艺考究的餐具还可以调节人们进餐时的心情，增加食欲，如图 5–68 所示。

2. 茶具陈设

茶具亦称茶器或茗器，是指饮茶用的器具，包括茶台、茶壶、茶杯和茶勺等。其主要材料为陶和瓷，代表性的有江苏宜兴的紫砂茶具、江西景德镇的瓷器茶具等。

紫砂茶具（图 5–69）由陶器发展而成，是一种新质陶器。江苏宜兴的紫砂茶具是用江苏宜兴南部埋藏的一种特殊陶土，即紫金泥烧制而成的。这种陶土含铁量大，有良好的可塑性，色泽呈现古铜色和淡墨色，符合中国传统的含蓄、内敛的审美要求，从古至今一直受到品茶人的钟爱。其茶具风格多样，造型多变，富含文化品位。同时，这种茶具的质地也非常适合泡茶，具有“泡茶不走味，贮茶不变色，盛暑不易馊”三大特点。

图 5–68　餐具陈设设计

图 5–69　紫砂茶具陈设设计

瓷器是中国文明的一面旗帜。中国茶具最早以陶器为主，瓷器发明之后，陶质茶具就逐渐为瓷质茶具所代替。瓷器茶具又可分为白瓷茶具、青瓷茶具和黑瓷茶具等。瓷器之美，让品茶者享受到整个品茶活动的意境美。瓷器本身就是一种艺术，是火与泥相交融的艺术，这种艺术在品茶的意境之中给欣赏者更有效的欣赏空间和欣赏心情。瓷器茶具中的青花瓷茶具，清新典雅，造型精巧，胎质细腻，釉色纯净，体现出了中国传统文化的精髓，见图5–70。

图 5–70　瓷器茶具陈设

3. 生活用品陈设

生活用品是指人们日常生活中使用的产品，如水杯、镜子、牙刷、开瓶器等。其不仅具有实用功能，还可以为日常生活增添几分生机和情趣。其中镜子晶莹剔透又宜于切割成各种形式，同时不同材质有不同的反光效果，习惯被用于各种室内软装饰中。在现代风格和欧式风格中，常在背景墙、顶棚等位置使用印花、覆膜镜延伸空间；在古典欧式风格中，常采用茶色或深色的菱形镜面来装饰；在其他风格中，根据风格和空间的主体色调，也可采用木质镜框和铁艺镜框的镜子装饰空间。

（二）装饰性陈设

装饰性陈设品指本身没有实用性，纯粹作为观赏的装饰品，包括装饰画、书法、摄影等艺术作品，以及陶瓷、雕塑、漆器、剪纸、布贴等工艺品，它们都具有很高的观赏价值，能丰富视觉效果，营造室内环境的文化氛围。本节主要探讨装饰画和工艺品。

1. 装饰画陈设

随着人们对空间审美情趣的提高，装饰画作为墙面的重要装饰，能够结合空间风格，营造出各种符合人们情感的环境氛围。许多家庭在处理空白的墙面时，都喜欢挂装饰画来修饰。不同的装饰画不仅可以体现主人的文化修养；不同的边框装饰和材质，也能影响整个空间的视觉感官。

装饰画的形式和类别多种多样，常见的有油画、摄影画、挂毯画、木雕画、剪纸画等，其表现的题材和内容、风格各异。例如，热情奔放类型的装饰画，颜色鲜艳，较适合婚房装饰；古典油画系列的装饰画，题材多为风景、人物和静物，适宜于欧式风格装修，或喜好西方文化的人士；摄影画的视野开阔、画面清晰明朗，一般在现代风格的家居中摆放，可增强房间的时尚感和现代感。比如图 5-71，小幅挂画对称悬挂，较大的可单独悬挂，与桌面上的装饰品相互搭配，形成良好的装饰效果。

图 5-71　小幅对称装饰画

采用平面形式的装饰画，对称悬挂，题材相似却又有区分，与背景花色相得益彰。在中式风格的家中，则常采用水墨字画，或豪迈狂放，或生动逼真，无论是随意置于桌上，还是悬挂于墙上，都将时尚大气的格调展露无遗，如图 5-72 所示。

图 5-72　悬挂于墙上的中国字画

2. 装饰工艺品

在室内家居软装上，还需要通过一些小小的工艺品陈设来点缀，以增加品位和涵养。工艺品的选择，往往要花费很多心思。例如，图 5-73 书房的书桌上，通过铜质的地球仪、皮质笔记本以及钢笔和咖啡杯子来增加惬意、文化气氛。

图 5-73　书桌装饰工艺品的陈设设计

（三）室内陈设设计的选择和布置

1. 桌面摆设

桌面摆设包括不同类型和情况，如办公桌、餐桌、茶几、会议桌以及略低于桌高的靠墙或沿窗布置的储藏柜和组合柜等。桌面摆设一般均选择小巧精致、宜于微观欣赏的物品，并可按时即兴灵活更换。桌面上的日用品常与家具配套购置，选用和桌面协调的形状、色彩和质地，常起到画龙点睛的作用。如会议室中的沙发、茶几、茶具、花盆等，须统一选购。桌面摆设可见图 5-74。

2. 墙面与路面陈设

墙面陈设一般以平面艺术为主，如书、画、摄影、浅浮雕等，或小型的立体饰物，如壁灯、弓、剑等，也常见将立体陈设品放在壁柜中，如花卉、雕塑等，并配以灯光照明，也可在路面设置悬挑轻型搁架以存放陈设品。路面上布置的陈设常和家具发生上下对应关系，可以是正规的，也可以是较为自由活泼的形式，可采取垂直或水平伸展的构图，组成完整的视觉效果。墙面和陈设品之间的比例关系是十分重要的，应留出相当的空白墙面，使视觉获得休息的机会。如果是占有整个路面的壁画，则可视为起到背景装修艺术的作用。此外，某些特殊的陈设品，可利用玻璃窗面进行布置，如剪纸窗花以及小型绿化，以使植物能争取自然阳光的照射，也别具一格。室内墙面与路面陈设，如图 5–75 所示。

图 5–74 桌面陈设

图 5–75 室内墙面陈设

3. 落地陈设

大型的装饰品，如雕塑、瓷瓶、绿化等，常落地布置，布置在大厅中央的常成为视觉的中心，更为引人注目，也可放置在厅室的角隅、墙边或出入口旁、走道尽端等位置，作为重点装饰，或起到视觉上的引导作用和对景作用，见图 5–76。

图 5-76　落地陈设

4. 悬挂陈设

空间高大的厅室，常采用悬挂各种装饰品，如织物、绿化、抽象金属雕塑、吊灯等，弥补空间空旷的不足，并有一定的吸声或扩散的效果，居室也常利用角落悬挂灯具、绿化或其他装饰品，既不占面积又装饰了枯燥的墙边角隅，见图 5-77。

图 5-77　悬挂织物陈设

5. 橱柜陈设

数量大、品种多、形色多样的小陈设品，最宜采用分格分层的隔板、博古架，或特制的装饰柜架进行陈列展示，这样可以达到多而不繁、杂而不乱的效果。布置整齐的书橱书架，可以组成色彩丰富的抽象图案效果，起到很好的装饰作用。壁式博古架，应根据展品的特点，在色彩、质地上起到良好的衬托作用。

五、室内布艺风格设计

室内布艺是指以布为主要材料，经过艺术加工达到一定的艺术效果与使用条件，满足人们生活需求的纺织类产品。室内布艺包括窗帘、地毯、枕套、床罩、椅垫、靠垫、沙发套、台布、壁布等。其主要作用是既可以防尘、吸音和隔音，又可以柔化室内空间，营造出室内温馨、浪漫的情调。室内布艺设计是指针对室内布艺进行的样式设计和搭配。

（一）室内布艺的特征

1. 风格多样

室内布艺的风格各异，主要有欧式、中式、现代和田园几种代表风格。其样式也随着不同的风格呈现出不同的特点。例如欧式风格的布艺手工精美，图案繁复，常用棉、丝等材料，金、银、金黄等色彩，显得奢华、华丽，显示出高贵的品质和典雅的气度；田园风格的布艺讲究自然主义的设计理念，将大自然中的植物和动物形象应用到图案设计中，体现出清新、甜美的视觉效果。

2. 装饰效果突出

室内布艺可以根据室内空间的审美需要随时更换和变换，其色彩和样式具有多种组合，也赋予了室内空间更多的变化。如在一些酒吧和咖啡厅的设计中，利用布艺做成天幕，软化室内天花，柔化室内灯光，营造温馨、浪漫的情调；在一些楼盘售楼部的设计中，利用金色的布艺包裹室内外景观植物的根部，营造出富丽堂皇的视觉效果。

3. 方便清洁

室内布艺产品不仅美观、实用，而且便于清洗和更换。如室内窗帘不仅具有装饰作用，而且还可以弱化噪声，柔化光线；室内地毯既可以吸收噪声，又可以软化地面质感。此外，室内布艺还具有较好的防尘作用,可以随时清洗和更换。

(二)室内布艺的类别及应用

1. 窗帘

窗帘具有遮蔽阳光、隔声和调节温度的作用。窗帘应根据不同空间的特点及光线照射情况来选择。采光不好的空间可用轻质、透明的纱帘,以增加室内光感;光线照射强烈的空间可用厚实、不透明的绒布窗帘,以减弱室内光照。隔声的窗帘多用厚重的织物来制作,褶皱要多,这样隔声效果更好。窗帘的材料主要有纱、棉布、丝绸、呢绒等。窗帘的款式主要有以下几类。

(1)拉褶帘:用一个四叉的铁钩吊着缝在窗帘的封边条上,造成2 ~ 4褶的形式的窗帘。可用单幅或双幅,是家庭中常用的样式。

(2)卷帘:是一种帘身平直,由可转动的帘杆将帘身收放的窗帘。其以竹编和藤编为主,具有浓郁的乡土风情和人文气息

(3)拉杆式帘:是一种帘头圈在帘杆上拉动的窗帘。其帘身与拉褶帘相似,但帘杆、帘头和帘杆圈的装饰效果更佳。

(4)水波帘:是一种卷起时呈现水波状的窗帘,具有古典、浪漫的情调,在西式咖啡厅广泛采用。

(5)罗马帘:是一种层层叠起的窗帘,因出自古罗马,故而得名罗马帘。其特点是具有独特的美感和装饰效果,层次感强,有极好的隐蔽性。

(6)垂直帘:是一种安装在过道,用于局部间隔的窗帘。其主要材料有水晶、玻璃、棉线和铁艺等,具有较强的装饰效果,在一些特色餐厅广泛使用。

(7)百叶帘:是一种通透、灵活的窗帘,可用拉绳调整角度及上落,广泛应用于办公空间。

2. 地毯

地毯是室内铺设类布艺制品,不仅可以增强艺术美感,还可

以吸收噪声，创造安宁的室内气氛。此外，地毯还可使空间产生集合感，使室内空间更加整体、紧凑。地毯主要分为以下几类。

（1）纯毛地毯。纯毛地毯抗静电性很好，隔热性强，不易老化、磨损、褪色，是高档的地面装饰材料。纯毛地毯多用于高级住宅、酒店和会所的装饰，价格较贵，可使室内空间呈现出华贵、典雅的气氛。它是一种采用动物的毛发制成的地毯，如纯羊毛地毯。其不足之是抗潮湿性较差，而且容易发霉。所以，使用纯毛地毯的空间要保持通风和干燥，而且要经常进行清洁。

（2）合成纤维地毯。合成纤维地毯是一种以丙纶和腈纶纤维为原料，经机织制成面层，再与麻布底层溶合在一起制成的地毯。纤维地毯经济实用，具有防燃、防虫蛀、防污的特点，易于清洗和维护，而且质量轻、铺设简便。与纯毛地毯相比缺少弹性和抗静电性能，且易吸灰尘，质感、保温性能较差。

（3）混纺地毯。混纺地毯是一种在纯毛地毯纤维中加入一定比例的化学纤维制成的地毯。这种地毯在图案、色泽和质地等方面与纯毛地毯差别不大，装饰效果好，且克服了纯毛地毯不耐虫蛀的缺点，同时提高了地毯的耐磨性，有吸音、保温、弹性好、脚感好等特点。

（4）塑料地毯。

塑料地毯是一种质地较轻、手感硬、易老化的地毯。其色泽鲜艳，耐湿、耐腐蚀性、易清洗，阻燃性好，价格低。

3. 靠枕

靠枕是沙发和床的附件，可调节人的坐、卧、靠姿势。靠枕的形状以方形和圆形为主，多用棉、麻、丝和化纤等材料，采用提花、印花和编织等制作手法，图案自由活泼，装饰性强。靠枕的布置应根据沙发的样式来进行选择，一般素色的沙发用艳色的靠枕，而艳色的沙发则用素色的靠枕。靠枕主要有以下几类。

（1）方形靠枕。方形靠枕的样式、图案、材质和色彩较为丰富，可以根据不同的室内风格需求来配置。它是一种体形呈正方形或长方形的靠枕，一般放置在沙发和床头。方形靠枕的尺寸通常有正方形 40 cm×40 cm、50 cm×50 cm，长方形 50 cm×40 cm。

（2）圆形碎花靠枕。圆形碎花靠枕是一种体形呈圆形的靠枕，经常摆放在阳台或庭院中的座椅上，这样搭配会让人立刻有了家的温馨感觉。圆形碎花靠枕制作简便，用碎花布包裹住圆形的枕芯后，调整好褶皱的分布即可。其尺寸一般为直径 40 cm 左右。

（3）莲藕形靠枕。莲藕形靠枕是一种体形呈莲藕形状的圆柱形靠枕。它给人清新、高洁的感觉。清新的田园风格中搭配莲藕型的靠枕同样也能让人感受到清爽宜人。

（4）糖果形靠枕。糖果形靠枕是一种体形呈奶糖形状的圆柱形靠枕。糖果形靠枕的制作方法相当简单，只要将包裹好枕芯的布料两端做好捆绑即可。它简洁的造型和良好的寓意能体现出甜蜜的味道，让生活更加浪漫。糖果形靠枕的尺寸一般为长 40cm，圆柱直径为 20 ~ 25 cm。

（5）特殊造型靠枕。主要包括幸运星形、花瓣形和心形等，其色彩艳丽，形体充满趣味性，让室内空间呈现出天真、梦幻的感觉，在儿童房空间应用较广。

4. 壁挂织物

壁挂织物是室内纯装饰性质的布艺制品，包括墙布、桌布、挂毯、布玩具、织物屏风和编结挂件等，它可以有效地调节室内气氛，增添室内情趣，提高整个室内空间环境的品位和格调。

（三）室内布艺的风格表现

1. 欧式风格

豪华富丽风格的欧式室内布艺，做工精细，选材高贵，强调手工的精湛编织技巧，色彩华丽，充满强烈的动感效果，给人以奢华、富贵的感觉。如图 5-78 所示。

图 5-78　欧式豪华富丽风格室内布艺设计

2. 中式风格

中国传统的室内设计融合了庄重与优雅双重气质，中式庄重优雅风格的室内布艺色彩浓重、花纹繁复，装饰性强，常使用带有中国传统寓意的图案（如牡丹、荷花、梅花等）和绘画（如中国工笔国画、山水画等），如图 5-79 所示。

图 5-79　中式庄重优雅风格室内布艺配饰

3. 现代风格

现代式简洁明快风格的室内布艺强调简洁、朴素、单纯的特点，尽量减少烦琐的装饰，广泛运用点、线、面等抽象设计元素，色彩以黑、白、灰为主调，体现出简约、时尚、轻松、随意的感觉。如图 5-80 所示。

图 5-80　现代式简洁明快风格室内布艺设计

4. 自然风格

自然式朴素雅致风格的室内布艺追求与自然相结合的设计理念，常采用自然植物图案（如树叶、树枝、花瓣等）作为布艺的印花，色彩以清新、雅致的黄绿色、木材色或浅蓝色为主，展现出朴素、淡雅的品质和内涵，如图 5-81 所示。

图 5-81　自然式朴素雅致风格室内布艺设计

（四）室内布艺的搭配原则与设计

1. 体现民族和地方文化特色

室内布艺搭配时注意体现民族和地方文化特色。如在一些茶馆的设计中，采用具有民族特色的手工缝制的蓝印花布，营造出原始、自然、休闲的氛围；在一些特色餐馆的设计中，采用中国北方大花布，营造出单纯、野性的效果；在一些波希米亚风格的样板房设计中，采用特有的手工编制地毯和桌布，营造出独特的异域风情等。

2. 风格相互协调

室内布艺搭配时应注意布艺的格调要与室内的整体风格相协调。如欧式风格的室内要配置欧式风格的布艺，田园风格的室内要配置田园风格的布艺。要尽量避免不同风格的布艺混杂搭配而使室内杂乱、无序。

3. 充分突出布艺制品的质感

室内布艺搭配时应充分考虑布艺制品的样式、色彩和材质对室内装饰效果造成的影响，如利用布艺制品调节室内温度，在炎热的季节选用蓝色、绿色等凉爽的冷色，使室内空间的温度降低；而在寒冷的冬季选用黄色、红色或橙色温暖的暖色，使室内空间的温度提高。再如，在 KTV、舞厅等娱乐空间设计中，可以利用色彩艳丽的布艺软包制品，达到炫目的视觉效果，还可以有效地调节音质。

六、室内绿化风格设计

室内绿化设计就是将自然界的植物、花卉、水体和山石等景物经过艺术加工和浓缩移入室内，达到美化环境、净化空气和陶冶情操的目的。室内绿化既有观赏价值，又有实用价值。在室内布置几株常绿植物，不仅可以增强室内的青春活力，还可以缓解和消除疲劳。室内花卉可以美化室内环境，清逸的花香可以使室内空气得到净化，陶冶人的性情。室内水体和山石可以净化室内空气，营造自然的生活气息，并使室内产生飘逸和灵动的美感。

（一）室内植物的点缀设计

室内植物种类繁多，有观叶植物、观花植物、观茎植物、赏根植物、藤蔓植物和假植物等，主要有橡胶树、垂榕、蒲葵、苏铁、棕竹、棕榈、广玉兰、海棠、龟背竹、万年青、金边五彩、文竹、紫罗兰、吊竹草、水竹草、兰花、吊兰、水仙、仙人掌、仙人球、花叶常春蔓等。假植物是人工材料(如塑料、绢布等)制成的观赏植物,在环境条件不适合种植真植物时,常用假植物代替。

绿色植物点缀室内空间应从四个方面出发。第一,品种要适宜,要注意室内自然光照的强弱,多选耐阴的植物,如红铁树、叶椒草、龟背竹、万年青、文竹、巴西木等。第二,配置要合理,注意植物的最佳视线与角度,如高度在 1.8 ~ 2.3m 为好。第三,色彩要和谐,如书房要创造宁静感,应以绿色为主;客厅要体现主人的热情,则可以用色彩绚丽的花卉,见图 5-82。第四,位置要得当,宜少而精,不可太多太乱,到处开花。

图 5-82　室内植物设计

(二)室内山石和水景的绿化设计

山石是室内造景的常用元素,常和水相配合,浓缩自然景观于室内小天地中。室内山石形态万千,讲求雄、奇、刚、挺的意境。室内山石分为天然山石和人工山石两大类,天然山石有太湖石、房山石、英石、青石、鹅卵石、珊瑚石等;人工山石则是由钢筋水泥制成的假山石,见图 5-83。

图 5-83　室内假山设计

水景有动静之分，静则宁静，动则欢快，水体与声、光相结合，能创造出更为丰富的室内效果。常用的形式有水池、喷泉和瀑布等，见图 5-84。

图 5-84　室内水景设计

第六章 室内细部设计

本章就室内设计中的细部——天棚、地面、玄关、墙面、门窗与楼梯的具体设计方法进行详细阐述，并对室内构造与细部之间的关系进行详细探讨。

第一节 天棚与地面设计

一、天棚设计

（一）天棚的作用

天棚在室内设计中又称“天花”“顶棚”，是指室内建筑空间的顶部。作为建筑空间顶界面的天棚，可通过各种材料和构造技术组成形式各异的界面造型，从而形成具有一定使用功能和装饰效果的建筑装饰装修构件。

天棚作为空间围合的重要元素之一，在室内装饰中占有重要的地位，它和墙面、地面构成了室内宅间的基本要素，对空间的整体视觉效果产生很大的影响。天棚装修给人最直接的感受就是为了美化、美观。随着现代建筑装修要求越来越高，天棚装饰被赋予了新的特殊的功能和要求，如保温、隔热、隔音、吸声等。天棚装修可以调节和改善室内的热环境、光环境、声环境，同时天棚也可作为安装各类管线设备的隐蔽层。

图 6–1　天棚装饰

（二）天棚的设计形式

天棚的形式多种多样，随着新材料、新技术的广泛应用，产生了许多新的吊顶形式。

（1）按不同的功能分有隔声、吸音天棚，保温、隔热天棚，防火天棚，防辐射天棚等。

（2）按不同的形式分有平滑式、井字格式、分层式、浮云式等。

（3）按不同的材料分有胶合板天棚、石膏板天棚、金属板天棚、玻璃天棚、塑料天棚、织物天棚等。

（4）按不同的承受荷载分有上人天棚、不上人天棚。

（5）按不同的施工工艺分有抹灰类天棚、裱糊类天棚、贴面类天棚、装配式天棚。

（6）按构造技术有直接式天棚和悬吊式天棚。

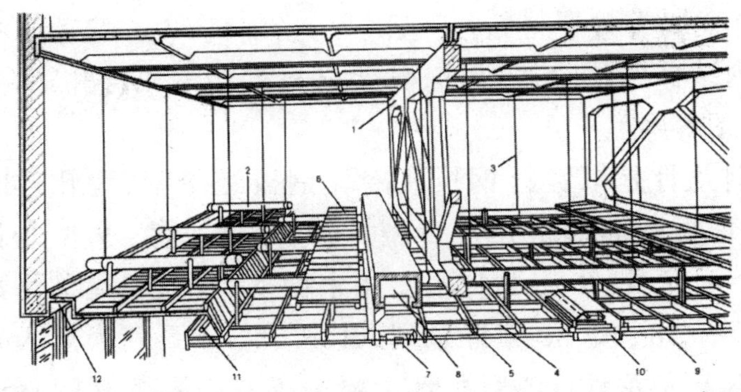

1—屋架；2—主龙骨；3—吊筋；4—次龙骨；5—间距龙骨；6—检修走道；7—出风口；8—风道；9—吊顶面层；10—灯具；11—暗藏式灯槽；12 窗帘盒

图 6-2　上人吊顶天棚构造

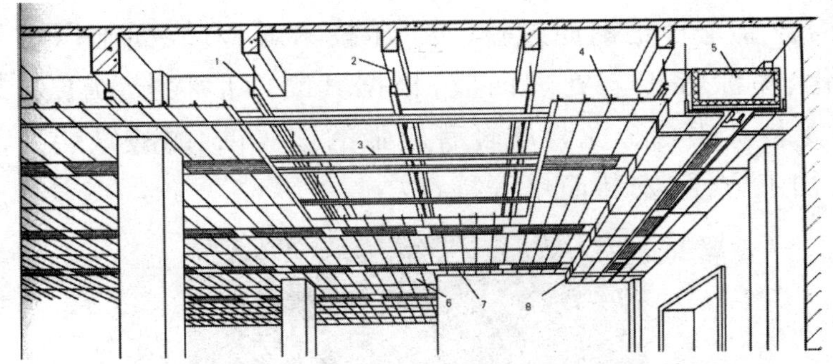

1—主龙骨；2—吊筋；3—次龙骨；4—间距龙骨；5—风道；6—吊顶面层；7—灯具；8—出风口

图 6-3　悬挂在屋下的吊顶构造

（三）天棚的材料选择与应用

1. 骨架材料

在室内设计中，骨架材料主要用于天棚、墙体、例架、造型、家具的骨架，起支撑、固定和承重的作用。室内设计常用的骨架材料有金属和木质两大类。

（1）金属类骨架材料

室内装修常用金属吊顶，骨架材料有轻钢龙骨和铝合金龙骨两大类（图 6–4）。

轻钢龙骨是以镀锌钢板或冷轧钢板经冷弯、滚轧、冲压等工艺制成，根据断面形状分为 U 型龙骨、C 型龙骨、V 型龙骨、T 型龙骨。U 型龙骨、T 型龙骨主要用来做室内吊顶，又称吊顶龙骨。U 型龙骨有 38、50、60 三种系列，其中 50、60 系列为上人龙骨，38 系列为不上人龙骨。C 型龙骨主要用于室内隔墙又叫隔墙龙骨，有 50 和 75 系列。V 型龙骨又叫直卡式 V 型龙骨，是近年来较流行的一种新型吊顶材料。轻钢龙骨应用范围广，具有自重轻，刚性强度高，防火、防腐性好，安装方便等特点，可装配化施工，适应多种覆面（饰面）材料的安装。

铝合金龙骨是钢通过挤（冲）压技术成型，表面施以烤漆、阳极氧化、喷涂等工艺处理而成，根据其断面形状分为 T 型龙骨、LT 型龙骨。铝合金龙骨质轻有较强的抗腐蚀、耐酸碱能力，防火性好，加工方便，安装简单等特点。

图 6–4　金属龙骨

（2）木质类骨架材料

吊顶木龙骨材料分为内藏式木骨架和外露式木骨架两类。内藏式木骨架隐藏在天棚内部，起支撑、承重的作用，其表面覆盖有基面或饰面材料。一般用针叶木加工成截面为方形或长方形的木条。外露式木骨架直接悬挂在楼板或装饰面层上，骨架上没有任何覆面材料，如外露式格栅、棚架、支架及外露式家具骨架，属于结构式天棚吊顶，主要起装饰、美化的作用，常用阔叶木加工而成（图 6–5）。

图 6–5　木质龙骨

2. 覆面材料

覆面材料通常是安装在龙骨材料之上，可以是粉刷或胶粘的基层，也可以直接由饰面板作覆面材料。室内设计中用于吊顶的覆面材料很多，常用的有胶合板、石膏板、矿棉装饰吸声板、金属装饰板、埃特装饰板、硅钙板等。

（1）胶合板

胶合板又叫“木夹板”，是将原木蒸煮，用旋切或刨切法切成薄片，经干燥、涂胶，按奇数层纵横交错黏合、压制而成，故称之为“三层板”“五层板”“七层板”“九层板”等。胶合板一般作普通基层使用，多用于吊顶、隔墙、造型、家具的结构层。

（2）石膏板

用于顶棚装饰的石膏板，主要有装饰石膏板和纸面石膏板两类。

装饰石膏板采用天然高纯度石膏为主要原料，辅以特殊纤维、胶粘剂、防水剂混合加工而成。表面经过穿孔、压制、贴膜、涂漆等特殊工艺处理。该石膏板高强度且经久耐用，防火、防潮、不变形、抗下陷、吸声、隔音，健康安全，施工安装方便，可锯、可刨、可粘贴。装饰石膏板品种类型较多，有压制浮雕板、穿孔吸声板、涂层装饰板、聚乙烯复合贴膜板等不同系列。可结合铝合金 T 型龙骨广泛用于公共空间的顶棚装饰。

纸面石膏板按性能分有普通纸面石膏板、防火纸面石膏板、防潮纸面石膏板三类。它们是以熟石灰为主要原料，掺入普通纤维或无机耐火纤维与适量的添加剂、耐水剂、发泡剂，经过搅拌、烘干处理，并与重磅纸压合而制成。纸面石膏板具有质轻、强度高、阻燃、防潮、隔声、隔热、抗震、收缩率小、不变形等特点。其加工性能良好，可锯、可刨、可粘贴，施工方便，常作室内装修工程的吊顶、隔墙用材料。

（3）矿棉装饰吸声板

矿棉装饰吸声板以岩棉或矿渣纤维为主要原料，加入适量黏结剂、防潮剂、防腐剂经成掣、加压烘干、表面处理等工艺制成。具有质轻、阻燃、保温、隔热、吸声、表面效果美观等优点。长期使用不变形，施工安装方便。

矿棉装饰吸声板花色品种繁多，可根据不同的结构、形式、功能、环境进行分类。根据功能分有普通型矿棉板、特殊功能型矿棉板；根据矿棉板边角造型结构分有直角边（平饭）、切角边（切角板）、裁口边（跌级板）；根据矿棉板吊顶龙骨分有明架矿棉板、暗架矿棉板、复合插贴矿棉板、复合平贴矿棉板，其中复合插帖矿棉板和复合平贴矿棉板须和轻钢龙骨纸面石膏板配合使用。

（4）金属装饰板

金属装饰板是以不锈钢板、铝合金板、薄钢板等为基材，经冲压加工而成。表面作静电粉末、烤漆、滚涂、覆膜、拉丝等工艺处理。金属装饰板自重轻、刚性大、阻燃、防潮、色泽鲜艳、气派、线型刚劲明快，是其他材料所无法比拟的。多用于候车室、候机厅、办公室、商场、展览馆、游泳馆、浴室、厨房、地铁等的天棚、墙面装饰。

金属装饰板吊顶以铝合金天花最常见，它们是用高品质铝材通过冲压加工而成。按其形状分为铝合金条形板、铝合金方形板、铝合金格栅天花、铝合金挂片天花、铝合金藻井天花等。

铝合金装饰天花构造简单，安装方便，更换随意，装饰性强，层次分明，美观大方。

（5）埃特装饰板

埃特装饰板是以优质水泥、高纯石英粉、矿物喷、植物纤维及添加剂经高温、高压蒸压处理而制成的一种绿色环保、节能的新型装饰板材。此板具有质轻而强度高，保温隔热性能好，隔音、吸声性能好，使用寿命长、防水、防霉、防蛀、耐老化、阻燃，安装快捷、可锯、可刨、可用螺钉固定等优点。主要适用于室内外各种场所的隔墙、吊顶、家具、地板等。

（6）硅钙板

硅钙板的原料来源广泛，可采用石英砂磨细粉、硅藻土或粉煤灰；钙质原料为生石灰、消石灰、电石泥和水泥、增强材料为石棉、纸浆等。原料经配料、制浆、成型、压蒸养护、烘干、砂光而制成。具有强度高、隔声、隔热、防水等性能。

（四）天棚设计注意要点

天棚设计因不同功能的要求，其建筑空间构造设计不尽相同。在满足基本的使用功能和美学法则基础上，还需注意以下几个方面的设计要点。

1. 要有较好的视觉空间感

天棚在人的视觉中，占有很大的视阈性，特别是高大的厅堂和开阔的空间，天棚的视阈比值就更大。因此，设计时应考虑室内净空高度与所需吊顶的实际高度之间的关系，注重造型、色彩、材料的合理选用；并结合正确的构造形式来营造舒适的空间氛围，对建筑顶部结构层起到保护、美化的作用，弥补土建施工留下的缺陷。

2. 注意选材的合理性与环保性

天棚材料的使用和构造处理是空间限定量度的关键所在之一，应根据不同的设计要求和建筑功能、内部结构等特点，选用相应的材料。天棚材料选择应坚持无毒、无污染、环保、阻燃、耐久等原则。

由于天棚是吊在室内空间的顶部,天棚表面安装有各种灯具、烟感器、喷淋系统等,并且内部隐藏有各种管线、管道等设备,有时还要满足工人检修的要求,因此装饰材料自身的强度、稳定性和耐用性不仅直接影响到天棚装饰效果,还会涉及人身安全。所以天棚的安全、牢固、稳定、防火等十分重要。

3. 注重装饰性

天棚设计时要充分把握天棚的整体关系,做到与周围各界面在形式、风格、色彩、灯光、材质等方面协调统一,融为一体,形成特定的风格与效果。

二、地面设计

(一)室内地面的构成

室内地面是人们日常生活、工作、学习中接触最频繁的部位,也是建筑物直接承受荷载,经常受撞击、摩擦、洗刷的部位。其基本结构主要由基层、垫层和面层等组成。同时为满足使用功能的特殊性还可增加相应的构造层,如结合层、找平层、找坡层、防火层、填充层、保温层、防潮层等。

(二)室内地面的分类

在室内设计中,地面材质有软有硬,有天然的有人造的,材质品种众多,但不同的空间材质的选择也要有所不同。按所用材料区分,有木制地面、石材地面、地砖在面、艺术水磨石地面、塑料地面、地毯地面等。

1. 木制地面

木制地面主要有实木地板和复合地板两种。

实木地板是用真实的树木经加工而成,是最为常用的地面材料。其优点是色彩丰富、纹理自然、富有弹性，隔热性、隔声性、防潮性能好。常用于家居、体育馆、健身房、幼儿园、剧院舞台等和人接触较为密切的室内空间。从效果上看，架空木地板更能完整地体现木地板的特点（图 6–6）。但实木地板也有对室内湿度要求高，容易引起地板开裂及起鼓等缺憾。

图 6–6　实木地板

复合地板主要有两种：一种是实木复合地板；另一种是强化复合地板。实木复合地板的直接原料为木材。强化复合地板主要是利用小径材、枝桠材和胶黏剂通过一定的生产工艺加工而成。复合地板的适应范围也是比较广泛，家居、小型商场、办公楼等公共空间皆可以采用（图 6–7）。

图 6–7　复合地板

2. *石材地面*

石材地面常见的石材有花岗岩、大理石等。

由于花岗岩表面成结晶性图案，所以也称之为“麻石”。花岗岩石材质地坚硬、耐磨，使用长久，石头纹理均匀，色彩较丰富，常用于宾馆、商场等交通繁忙的大面积地面中。

大理石地面纹理清晰，花色丰富，美观耐看，是门厅、大厅等公共空间地面的理想材料。由于大理石表面纹理丰富，图案似云，所以也称之为“云石”。大理石的质地较坚硬，但耐磨性较差。其石材主要做墙面装饰，做地面时常和花岗石配合使用，用做重点地面的图案拼花和套色（图 6-8）。

图 6-8　大理石地面

3. 地砖地面

地砖的种类主要是指抛光砖、玻化砖、釉面砖、马赛克等陶瓷类地砖。

抛光砖是用黏土和石材的粉末经压机压制后烧制，表面再经过抛光处理而成，表面很光亮。缺点是不防滑，有颜色的液体容易渗入。

玻化砖也叫“玻化石”“通体砖”。它由石英砂、泥按照一定比例烧制而成，表面如玻璃镜面样光滑透亮。玻化砖属于抛光砖的一种。它与普通抛光砖最大的差别就在于瓷化程度上，玻化砖的硬度更高、密度更大、吸水率更小。但也有污渍渗入的问题。

釉面砖是指表面用釉料一起烧制而成的一种地砖（图 6-9）。其优点是表面可以做各种图案和花纹，比抛光砖色彩和图案丰富，但因为表面是釉料，所以耐磨性不如抛光砖。

图 6–9　釉面砖地面

马赛克又称“陶瓷锦砖”,也为地砖的一种。马赛克现按质地分为三种:陶瓷马赛克、大理石马赛克和玻璃马赛克。马赛克是以前曾流行过的饰面材料,但由于色彩单一、材质简单,随着地砖的大量使用,马赛克逐渐被一些设计者所遗忘,但随着马赛克的材质和色彩的不断更新,马赛克的优点也逐渐为人们所认识。马赛克可拼成各种花纹图案,质地坚硬,经久耐用,花色繁多,还有耐水、耐磨、耐酸、耐碱、容易清洗、防滑等多种优点。随着设计理念的多元化,设计风格的个性化,马赛克的使用会越来越多。马赛克多用于厨房、化验室、浴室、卫生间以及部分墙面的装饰上。在古代,许多教堂等公共建筑的壁画均由马塞克拼贴出来,艺术效果极佳,保持年代长久,这些也许会对设计者有所启发。

地砖的共同特点是花色品种丰富,便于清洗,价钱适中,色彩多样,在设计中不但选择的余地较多,而且可以设计出非常丰富多彩的地面图案,适合于不同使用功能的室内设计选用。地砖另外一个特点是使用范围特别广,适用于各种空间的地面装饰,如办公场所、医院、学校、家庭等多种室内空间的地面铺装。尤其适用于餐厅、厨房、卫生间等水洗频繁的地面铺装,是一种用处广泛、价廉物美的饰面材料。

4. 艺术水磨石地面

水磨石地面是白石子与水泥混合研磨而成。现在水磨石地面经过发展,如加入地面硬化剂等材料使地面质地更加坚硬、耐磨、防油,可做出多种图案。艺术水磨石地面是在地面上进行套色设计,形成色彩丰富的图案。水磨石地面施工有预制和现浇之分,相比来说现浇的效果更为理想。但有些地方需要预制,如楼梯踏步、窗台板等。水磨石地面施工和使用不当,也会发生一些诸如空鼓、裂缝等质量问题。

水磨石地面的应用范围很广,而且价格较低,它适合一些普通装修的公共建筑室内地面,如学校、教学楼、办公楼、食堂、车站、室内外停车场、超市、仓库等公共空间(图 6–10)。

图 6–10 水磨石地面

5. 塑料地面

塑料地板是指以有机材料为主要成分的块材或卷材饰面材料,不仅具有独特的装饰效果,而且还具有质地轻、表面光洁、有弹性、脚感舒适、防滑、防潮、耐磨、耐腐蚀、易清洗、阻燃、绝缘性好、噪声小、施工方便等优点。另外,还有用合成橡胶制成的橡胶地板。该种地板也有块材和卷材两种。其特点是吸声、耐磨性较好,但保温性稍差。

塑料地板多用于建筑和住宅室内,也有用于工业厂房的。橡胶地板主要用于公共建筑和工业厂房中对保温要求不高的地面、绝缘地面、游泳池边、运动场等防滑地面(图 6–11)。

图 6-11 塑料地面

6. 地毯地面

地毯有纯毛、混纺、化纤、塑料、草编地毯之分。通常地毯具有弹性大、抗磨性高、花纹美观、隔热保温等优点，但它相比其他地面材料还有清洗麻烦、易燃等缺点。地毯的使用范围较广泛，在公共建筑中，如宾馆的走廊、客房都可铺满地毯，以减轻走路时发出的噪声，在办公室或家庭也都可以使用地毯，不但保温，而且可以降低噪声（图 6-12）。

图 6-12 地毯地面

（三）室内地面的设计形式

随着我国室内装饰行业的迅速发展，地面装饰一改以前地面水泥的传统装饰方法，各种新型、高档舒适的地面装饰材料相继出现在各种室内装修的地面中。地面的设计形式也越来越新颖，但从常用的设计形式来看,主要分为平整地面设计和地台地面设计两种形式。

1. 平整地面设计

平整地面主要是指在原土建地面的基础上平整铺设装饰材料的地面,地面保持在一个水平面上,地面没有高差起伏。这种地面铺设形式最为常见,通常设计者会根据使用和艺术的需要,在地面上可以进行材质、图案的划分设计,常见的地面材质及图案划分有以下三种方式:功能性划分、导向性划分和艺术性划分。

(1)功能性划分

功能性划分主要是根据室内的使用功能特点,对不同空间的地面采用不同质地地面材料的设计手法,也可以称其为“质地划分”。例如,在宾馆大堂中人流较多的地方常采用坚硬耐磨的石材,但在客房里则要采用脚感柔软的地毯装饰地面。在家庭装修中,厨房和卫生间常采用地砖饰地面,防止地面污水等的侵蚀。卧室地面则常选用木地板装饰,不但脚感好,而且保温隔热性能良好。

(2)导向性划分

导向性划分是指在有些室内地面中常利用不同材质和不同图案等手段来强调不同使用功能的地面形式。目的是使使用者在室内能够较快地适应空间的流动,尽快地熟悉室内空间的各个功能。这种划分形式具有以下两个方面的特点。

第一,采用不同材质的地面设计,使人感受到交通空间的存在。这种地面形式比较容易识别,但要注意不同材质地面的艺术搭配。

第二,采用不同图案的地面设计来突出交通通道,也可以对客人起到导向性作用。这种设计往往在大型百货商场、博物馆、火车站等公共空间采用。例如在商场里顾客可以根据通道地面材料的引导,从容进行购物活动。

(3)艺术性划分

设计者对地面进行艺术性划分是室内地面设计重点要考虑的问题之一,尤其在较大型的空间里更是常见的设计形式。它是通过设计不同的图案,并进行颜色搭配而达到的地面装饰艺术效果。通常使用的材料有花岗石、大理石、地砖、水磨石、地毯等。这种地面划分形式往往是同房间的使用性质紧密相连的,但以地面的艺术性划分为主,用以烘托整个空间的艺术氛围。

地面艺术性划分应用很广,如在宾馆的堂吧设计中采用自由活泼的装饰图案地面,用以达到休闲、交往、商务的目的。在宾馆的大堂设计中,一组石材拼花地面既可以取得一些功能上的效果,还可以取得高雅华贵的艺术效果。在一些休闲、娱乐空间的室内地面设计中,有些设计师将鹅卵石与地砖拼放在一起布置地面,凹凸起伏的鹅卵石与地砖在照明光线下有着极大的反差,不但取得了较好的艺术效果,而且设计者利用不同材质的变化将地面进行了不同功能的分区。

2. 地台地面设计

在某些较大的室内空间里,平整地面设计难以满足功能设计的要求,设计者在原有地面的基础上采用局部地面升高或降低的方法所形成的地面形式称为“地台地面”。设计者力求在高度上有所突出,来满足设计的整体效果,在一些大空间地面里,设计出不同标高的地面。修建地台常选用砌筑回填骨料完成,也可以用龙骨地台选板材饰面,这种做法自重轻,在楼层中采用更合适。

地台地面应用的范围不是很广,但适当的场合采用可以取得意想不到的艺术效果。如宾馆大堂的咖啡休闲区常采用地台设计。地台区域材料有别于整体地面,常采用地毯饰面,加之绿化的衬托,使地台区域形成了小空间,旅客在此休息有一种亲切、高雅、休闲、舒适的感觉。在某餐厅,设计者将就餐区域和交通区域用地台设计的手法加以划分,使就餐环境的安全性、私密性更好。

在家庭装修中也常采用地台这种设计形式，形成有情趣的休闲空间。地台设计，还常在日式、韩式的房间装修中采用，民族风格特征鲜明。和地台设计相反的还有下沉地面的设计手法，但一般较少采用。

(四)室内地面设计注意要点

室内地面设计首先要满足建筑构造、结构的要求，并充分考虑材料的环保、节能、经济等方面的特点，并且还要满足室内地面的物理需要，如防潮、防水、保温、耐磨等要求。其次还要便于施工。最后就是地面的装饰设计，要以形式美的法则设计出符合大众审美的舒适空间。

1. 注意材料的选择

地面材料的选择要依据空间的功能来决定。例如，住宅中的卧室会选用地毯或木质地板，这样会增添室内的温馨感。而卫生间和厨房则应选择防水的地砖。还有对于人流较大的公共空间则应选用耐磨的天然石材。而一些静态空间，如酒店的客房、人员固定的办公空间可选用地毯或人造的软质制品做地面，如图6-13所示。另外一些特殊空间，如儿童活动场所则需要地面弹性较好，以保障儿童的安全。除此之外，体育馆和食堂则可以采用水磨石做地面铺装。

图 6-13　酒店客房地面设计

2. 注意材料的功能设计

在进行室内地面设计时,设计师可以根据地面材料色彩的多样性特点,利用材料的色彩组织划分地面,这样不仅能活跃室内气氛,还会因为材料的色彩区分,引导室内的行走路线。对于同样面积的地面,材料的规格大小还会影响空间的尺度。尺寸越大,空间的尺度会显得越小;相反,尺度越小,空间的尺度则会显得大一些。

此外,地面材料的铺装方向还会引起人们的视觉偏差。例如长而窄的空间做横向划分,可以改善空间的感觉,不会让人感到过于冗长。因此,地面的设计,一定要按室内空间的具体情况,因地制宜地进行设计。

3. 注重整体性和装饰性

地面是室内一切内含物的衬托,因此,一定要与其他界面和谐统一。设计地面时应统一简洁,不要过于烦琐。设计师设计地面进不仅要充分考虑它的实用功能,还要考虑室内的装饰性。运用点、线、面的构图,形成各种自由、活泼的装饰图案,可以很好地烘托室内气氛,给人一种轻松的感觉。在公共空间(宾馆大堂、建筑门厅、商业共享空间)可以利用图案作装饰,但必须与周围环境的风格相协调。例如,图 6-14 所选材料为石材,并采用斜铺的铺装方法,使地面既耐磨又富有动感。又如,图 6-15 为利用大块的人造印花石材装饰的地面,地面的色彩不宜过于鲜艳,通常选用较深的色彩,否则会喧宾夺主。

图 6-14　石材斜铺地面

图 6–15　石材地面色彩与纹饰

第二节　玄关与墙面设计

一、玄关设计

（一）玄关的作用

玄关是进入住宅室内的咽喉地带和缓冲区域，也是进入室内后的第一印象，因此在室内设计中有不可忽视的地位和作用，主要表现在以下三个方面。

（1）可以表现一定的审美效果，通过色彩、材料、灯光和造型的综合设计可以使玄关看上去更加美观、实用。可以说，玄关设计是设计师整体设计思想的浓缩，它在住宅室内装饰中起到画龙点睛的作用，能使客人一进门就有眼前一亮的感觉。

（2）玄关是进入客厅的回旋地带，可以有效地分割室外和室内，避免将室内景观完全暴露；能够使视线有所遮掩，更好地保护室内的私密性；还可以避免因室外人的进入而影响室内人的活动，使室外进入者有个缓冲、调整的场所。

（3）具有一定的贮藏功能，用于放置鞋柜和衣架，便于主人或客人换鞋、挂外套之用。

（二）玄关设计注意要点

1. 注意选择合适的样式

玄关样式的选择，首先应考虑与室内整体风格保持一致，力求简洁、大方。常用的玄关样式有以下四种：玻璃半通透式、自然材料隔断式、列柱隔断式和古典风格式。

（1）自然材料隔断式玄关

这是一种运用竹、石、藤等自然材料来隔断空间的形式，这样可以使玄关空间看上去朴素、自然（图 6–16）。

（2）玻璃半通透式玄关

这是一种运用有肌理效果的玻璃来隔断空间的形式，如磨砂玻璃、裂纹玻璃、冰花玻璃、工艺玻璃等。这样可以使玄关空间看上去有一种朦胧而有意境的美感，使玄关和客厅之间隔而不断（图 6–17）。

（3）列柱隔断式玄关

这是一种运用几根规则的立柱来隔断空间的形式，这样可以使玄关空间看上去更加通透，使玄关空间和客厅空间很好地结合和呼应（图 6–18）。

（4）古典风格式玄关

这是一种运用中式和欧式古典风格中的装饰元素来设计的玄关空间，如中式的条案、屏风、瓷器、挂画，欧式的柱式、玄关台等。这样可以使玄关空间更加具有文化气质和古典、浪漫的情怀（图 6–19）。

图 6–16　自然材料隔断式玄关

图 6–17　玻璃半通透式玄关

图 6-18　列柱隔断式玄关

图 6-19　古典风格式玄关

2. 注意选择恰当材料

玄关是一个过道，是容易弄脏的地方，其地面宜用耐磨损、易清洁的石材或颜色较深的陶质地砖，这样不仅便于清扫，而且使玄关看上去清爽、华贵且气度不凡。

3. 注意灯光及色彩的设计

玄关作为进入室内的第一印象，应尽量营造出优雅、宁静的空间氛围。灯光的设置不可太暗，以免引起短时失明。玄关的色彩不可太艳，应尽量采用纯度低，彩度低的颜色（图 6-20）。

图 6-20　玄关灯光及色彩设计

二、墙面设计

（一）墙面的作用

墙面是空间围合的垂直组成部分，也是室内空间内部具体的限定要素,其作用是可以划分出完全不同的空间领域。内墙设计不仅要兼顾室内空间、保护墙体、维护室内物理环境,还应保证各种不同的使用条件得以实现。更重要的是,墙面把室内建筑空间各界面有机地结合在一起,起到渲染、烘托室内气氛,增添文化、艺术气息的作用,从而产生各种不同的空间视觉感受。

(二)室内墙面的分类

室内墙面是人最容易感觉、触摸到的部位,其材料的使用在视觉及质感上均比外墙有更强的敏感性,对空间的视觉影响颇大,因此,甚至有人把室内墙面装饰材料称为“第二层皮肤”(图6–21)。

室内墙面设计时对内墙材料的各项技术标准都有着严格的要求。原则上应坚持绿色环保、安全、牢固、耐用、阻燃、易清洁的原则,同时应有较高的隔音、吸声、防潮、保暖、隔热等特性。不同的材料能构成效果各异的墙面造型,能形成各种各样的细部构造手法。材料选择正确与否,不仅影响室内的装饰效果,还会影响到人的心理及精神状态。

图6–21　室内墙面装饰

室内墙面装饰装修材料种类繁多,规格各异,式样、色彩千变万化。从材料的性质上可分为木质类、石材类、陶瓷类、涂料类、金属类、玻璃类、塑料类、墙纸类等。可以说基本上所有材料都可用于墙面的装饰装修。从构造技术的角度可归结为抹灰类、贴挂类、胶粘类、裱糊类、喷涂类。这里仅介绍第二种分类方法。

1. 抹灰类墙面

抹灰类墙面，指用抹灰类材料装饰的墙面。抹灰类材料主要有水泥砂浆、白灰砂浆、混合砂浆、聚合物水泥砂浆以及特种砂浆等，它们多在土建施工中即可完成，属一般装饰材料及构造。

2. 贴挂类墙面

贴挂类墙面，是指以人工烧制的陶瓷面砖以及天然石材、人造石材制成的薄板为主材，通过水泥砂浆、胶粘剂或金属连接件经特殊的构造工艺将材料粘、贴、挂于墙体表面的一种装饰方法。其结构牢固、安全稳定、经久耐用。贴挂类墙面装饰因施工环境和构造技术的特殊性，饰面材料尺寸不易过大、过厚、过重，应在确保安全的前提下进行施工。

3. 胶粘类墙面

胶粘类墙面，是指将天然木板或各种人造类薄板用胶粘贴在墙面上的一种构造方法。现代室内装修中，饰面板贴墙装饰已不是传统意义上一种简单的护墙处理，传统材料与技术已不能完整体现现代建筑装饰风格、手法和效果。随着新材料的不断涌现，构造技术的不断创新，其适应面更广、可塑性更强、耐久性更好、装饰性更佳、安装简便，弥补了过去单一的用木板装饰墙面的诸多不足。

4. 裱糊类饰面

裱糊类饰面，是指采用粘贴的方法将装饰纤维织物覆盖在室内墙面、柱面、天棚的一种饰面做法，是室内装修工程中常见的装饰手段之一，起着非常重要的装饰作用。此方法改变了过去“一灰、二白、三涂料”单翻、死板的传统装饰做法，装饰纤维织物因其图案丰富多样和装饰效果佳而深受人们的喜爱。

5. 喷涂类墙面

喷涂类墙面，是指采用涂料经喷、涂、抹、刷、刮、滚等施工手

第三节　门窗与楼梯设计

一、门窗设计

（一）门窗的作用

门窗是联系室外与室内、房间与房间之间的纽带，是供人们相互交流和观赏室外景物的媒介，不仅有限定与延伸空间的性质，而且对空间的形象和风格有着重要的影响。门窗的形式、尺寸、色彩、线型、质地等在室内设计中因功能的变化而变化。尤其是通过门窗的处理，会对建筑外饰面和内部装饰产生极大的影响，并从中折射出整体空间效果、风格样式和性格特征（图6–22）。

门的主要功能是交通联系，供人流、货流通行以及防火疏散之用，同时兼有通风、采光的作用。窗的主要功能是采光、通风。此外门窗还具有调节控制阳光、气流以及保温、隔热、隔音、防盗等作用。

图 6–22　门窗设计效果

(二)门窗的分类与尺度

1. 门的分类

门按不同材料、功能、用途等可分为以下几种。

(1)按材料分有木门、钢门、铝合金门、塑料门、玻璃门等。

(2)按用途分有普通门、百叶门、保温门、隔声门、防火门、防盗门、防辐射门等。

(3)按开启方式分有平开门、弹簧门、推拉门、折叠门、转门、卷帘门、无框玻璃门等(图 6-23)。

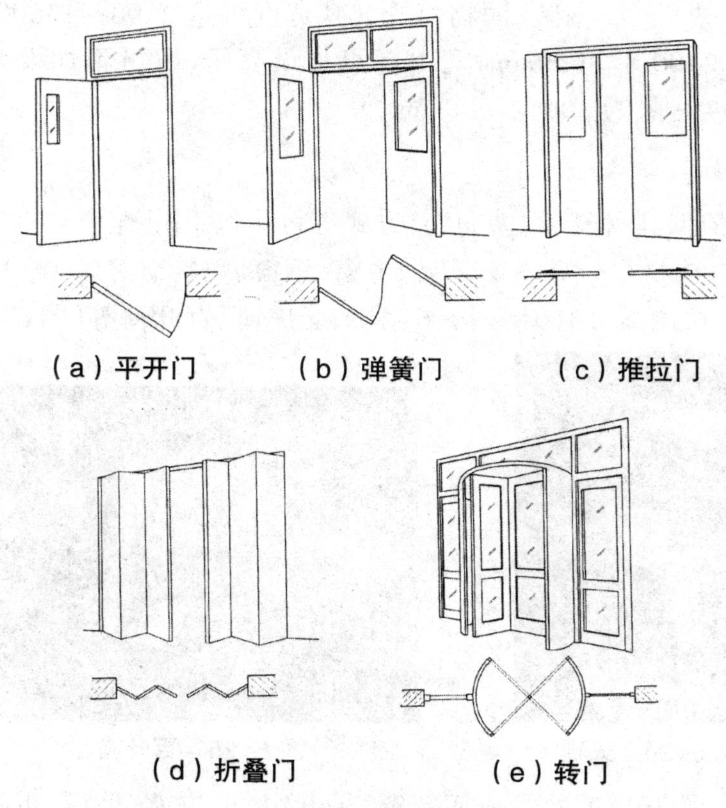

图 6-23　门的开启方式

2. 门的尺度

门的尺度通常是指门洞的高宽尺寸，门的尺度取决于其使用功能。

普通民用建筑门由于进出人流较小，一般多为单扇门，其高度为 2000 ~ 2200mm，宽度为 900 ~ 1000mm，居室厨房、卫生间门的宽度可小些，一般为 700 ~ 800mm。公共建筑门有单扇门、双扇门以及多扇门之分，单扇门宽度一般为 950 ~ 1100mm，双扇门宽度一般为 1200 ~ 1800mm，高度为 2100 ~ 2300mm。多扇门是指由多个单扇门组合成三扇以上的特殊场所专用门（如大型商场、礼堂、影剧院、博物馆等），其宽度可达 2100 ~ 3600mm，高度为 2400 ~ 3000mm，门上部可加设亮子，也可不加设亮子，亮子高度一般为 300 ~ 600mm。

3. 窗的分类

窗依据其材料、用途、开启方式等可作以下分类。

（1）按材料分有木窗、铝合金窗、钢窗、塑料窗等。

（2）按用途分有天窗（图 6–24）、老虎窗、百叶窗等（图 6–25）。

图 6–24　天窗

图 6–25　百叶窗

（3）按开启方式分有固定窗、平开窗、推拉窗、悬窗、折叠窗、立转窗等（图 6–26）。

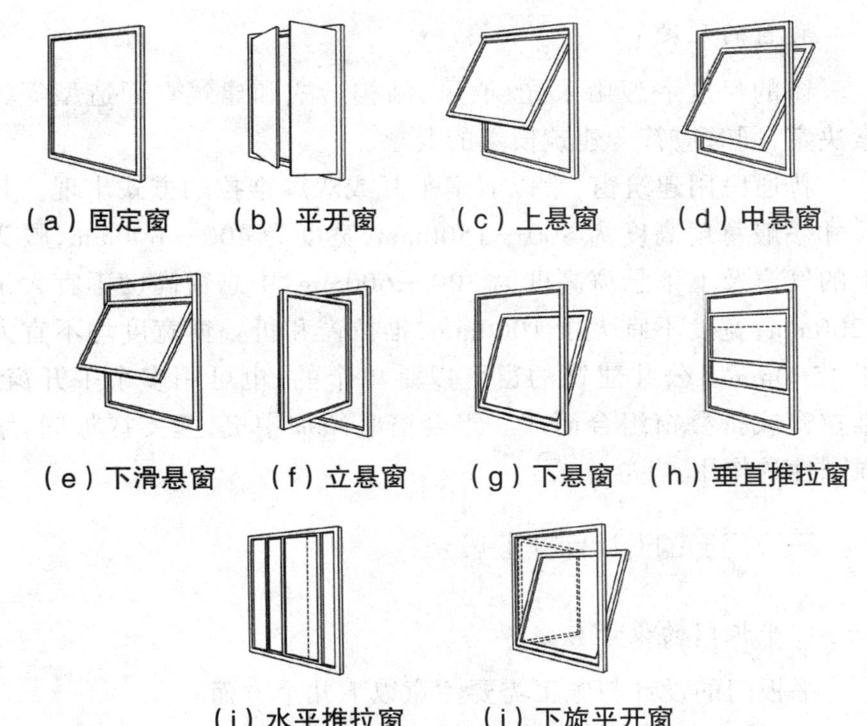

图 6-26　窗的开启方式

随着建筑技术的发展和新材料的不断出现，窗的设置、类型已不仅仅局限于原有形式与形状，出现了造型别致的外飘窗、落地窗、转角窗等（图 6-27）。

图 6-27　外飘窗 + 转角窗

4. 窗的尺度

窗的尺度一般由采光、通风、结构形式和建筑立面造型等因素决定，同时应符合建筑模数的要求。

普通民用建筑窗，常以双扇平开或双扇推拉的方式出现。其尺寸一般每扇高度为800—1500mm，宽度为400—600mm，腰头上的气窗及上下悬窗高度为300—600mm，中悬窗高度不宜大于1200mm，宽度不宜大于1000mm，推拉窗和折叠窗宽度均不宜大于1500mm。公共建筑的窗可以是单个的，也可用多个平开窗、推拉窗或折叠窗组合而成。组合窗必须加中梃，起支撑加固，增强刚性的作用。

（三）门窗的设计与施工

1. 平板门的设计与施工

平板门的设计与施工需要注意以下几个方面。

（1）检查门洞。检查门洞是否符合要求，门洞是否方正、平整、位置是否合理，一般房门尺寸以860mm×2035mm为宜，大门及推拉门尺寸根据现场而定。

（2）门扇设计。普通门扇一般采取如下方法。

① 15+15+3+3+3+3=42mm厚

② 18+9+9+3+3=42mm厚

③ 18+9+5+5+3+3=43mm厚

④ 28开条+4+4+3+3=42mm厚

（3）门扇收边。先将门压实，门扇四周清边，门边线胶水涂刷均匀，选好材，用纹钉打，门边线开槽，以防变形，收边打磨光滑。

（4）门扇饰面。拼板、拼花、金属条要平整光滑；门扇的安装用3个合页，大门用3个以上；门扇与门面、门板颜色保持一致。

（5）门套制作。门套制作又可细分为以下几个环节。

①做好防潮、验收。

②用 18mm 大芯板做好防潮打底板，用 9mm 夹板钉内框，留子口，门套要安装防撞条。

③门套线要确定宽度及造型，颜色一致，施工时胶水要涂刷严密、均匀。

④门套线及门边线严禁打直钉，门套线（卫生间、厨房应吊 1cm 脚），以防发霉。

⑤同一墙面、同一走廊，门高要保持在同一水平线上，门顶要封边严密。

⑥要待门套线干水后再收口，以防门套线缩水。

⑦验收标准框的正侧面垂直度少于 2mm，框的对角线长度差少于 2mm。

⑧用冲击钻在门洞墙内打眼，一般用 10 ~ 12mm 钻头，眼洞位置应呈梅花形。

⑨用合适的木钻打入眼内预留在外部约 10mm 长。

⑩按规定做好墙面防潮层。

2. 推拉门的设计与施工

推拉门的设计与施工需要注意以下几个方面。

（1）推拉门常用于书房、阳台、厨房、卫生间、休闲区等，有平拉推拉门及暗藏推拉门。

（2）推拉门有单轨（宽度 50 ~ 60mm）、双轨（100 ~ 120mm）两种，槽内深度以 55 ~ 60mm）为宜，以便安装道轨。

（3）压门用 18mm 大芯板，80 ~ 100mm 宽板条打锯路，双层错位用胶压，厚以 42mm 为宜（指木框玻璃门）。

（4）推拉门吊轮轨道用面板收口，门套需留子口，推拉门如果是木格玻璃门，面板需整板开挖。

（5）门扇框与框之间需要重叠、对称，吊轮道轨要用面板收口，门套要留子口，推拉门框要用整块面板开孔。

（6）推拉门推拉要顺畅。

二、楼梯设计

（一）楼梯的构成

楼梯一般是由楼梯段、楼梯平台、栏杆（栏板）、扶手等组成。它们用不同的材料，以不同的造型实现了不同的功能（图 6-28）。

1. 楼梯段

楼梯段又称“楼梯跑”，是楼梯的主要使用和承重部分，用于连接上下两个平台之间的垂直构件，由若干个踏步组成。一般情况下楼梯踏步不少于 3 步，不多于 18 步，这是为了行走时保证安全和防止疲劳。

2. 楼梯平台

楼梯平台包括楼层平台和中间平台两部分。中间（转弯）平台是连接楼梯段的平面构件，供人连续上下楼时调节体力、缓解疲劳，起休息和转弯的作用，故又称“休息平台”。楼层平台的标高与相应的楼面一致，除有着与中间平台相同的用途外，还用来分配从楼梯到达各楼层的人流。

3. 楼梯栏杆与扶手

楼梯栏杆是设置在梯段和平台边缘的围护构件，也是楼梯结构中必不可少的安全设施，栏杆的材质必须有足够的强度和安全性。扶手附设于栏杆顶部，作行走时依扶之用。而设于墙体上的扶手称为靠墙扶手，当楼梯宽度较大或需引导人流的行走方向时，可在梯段中间加设中间扶手。楼梯栏杆与扶手的基本要求是安全、可靠、造型美观和实用。因此栏杆应能承受一定的冲力和拉力。

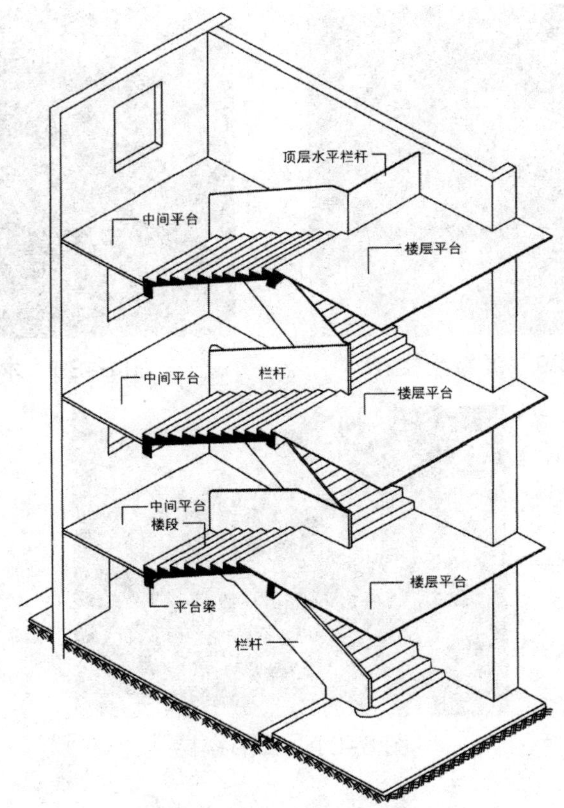

图 6-28　楼梯的组成形式

（二）楼梯设计的形式

楼梯的类型与形式取决于设置的具体部位，楼梯的用途，通过的人流，楼梯间的形状、大小，楼层高低及造型、材料等因素。

（1）按设置的位置分有室外楼梯与室内楼梯，其中室外楼梯又分安全楼梯和消防楼梯，室内楼梯又分主要楼梯和辅助楼梯。

（2）按材料分有钢楼梯、铝楼梯、混凝土楼梯（图 6-29）、木楼梯（图 6-30）及其他材质的楼梯。

（3）按常见形式分有单梯段直跑楼梯、双梯段直跑楼梯、双跑平行楼梯、三跑楼梯、双分平行楼梯、双合平行楼梯、转角楼梯、交叉楼梯、剪刀楼梯、弧形楼梯（图 6-31）、螺旋楼梯（图 6-32）等。

图 6–29 混凝土楼梯

图 6–30 木楼梯

图 6–31 弧形楼梯

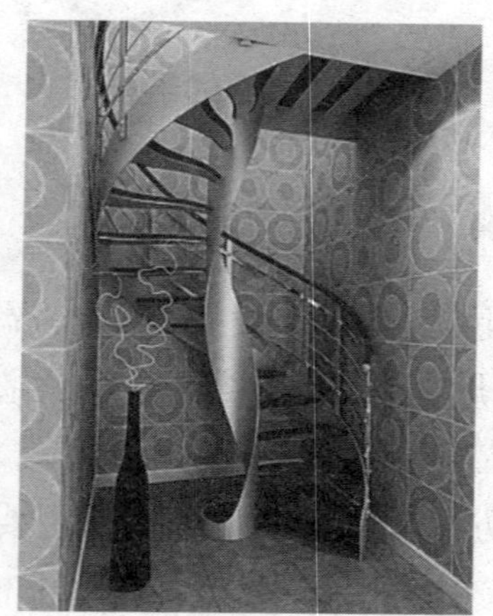

图 6–32 螺旋式楼梯

（三）楼梯的设计尺度

楼梯在室内装饰装修中占有非常重要的地位，其设计的好坏，将直接影响整体空间效果。所以楼梯的设计除满足基本的使用功能外，应充分考虑艺术形式、装饰手法、空间环境等。

楼梯的宽度主要满足上下人流和搬运物品及安全疏散的需要，同时还应符合建筑防火规范的要求。楼梯的宽度是由通过该梯段的人流量确定的，公共建筑中主要交通用楼梯的梯段净宽按每股人流 550—750mm 计算，且不少于两股人流；公共建筑中单人通行的楼梯宽度应不小于 900mm，以满足单人携带物品通行时不受影响；楼梯中间平台的净宽不得小于楼梯段的宽度；直跑楼梯平台深度不小于 2 倍踏步宽加一步踏步高。双跑楼梯中间平台深度≥梯段宽度，而一般住宅内部的楼梯宽度可适当缩小，但不宜小于 850mm。

楼梯坡度是由楼层的高度以及踏步高宽比决定的。踏步的高与宽之比需根据行走的舒适、安全和楼梯间的面积、尺度等因素进行综合考虑。楼梯坡度一般在 23°—45° 范围内，坡度越小越平缓，行走也越舒适，但扩大了楼梯间的进深，从而增加占地面积；反之缩短进深，节约面积，但行走较费力，因此以 30° 左右较为适宜。当坡度小于 23° 时，常做成坡道，而坡度大于 45° 时，则采用爬梯。

楼梯踏步高度和宽度应根据不同的使用地点、环境、位置、人流而定。学校、办公楼踏步高一般在 140—160mm，宽度为 280—340mm；影剧院、医院、商店等人流量大的场所其踏步高度一般为 120—150mm，宽度为 300—350mm；幼儿园踏步较低为 120—150mm，宽为 260—300mm。而住宅楼梯的坡度较一般公共楼梯坡度大，踏步的高度一般在 150—180mm，宽度在 250—300mm。

楼梯栏杆（栏板）扶手的高度与楼梯的坡度、使用要求、位置等有关，当楼梯坡度倾斜很大时，扶手的高度可降矮，当楼梯坡度平缓时高度可稍大。通常建筑内部楼梯栏杆扶手的高度以踏步表面往上 900mm 为宜，幼儿园、小学校等供儿童使用的栏杆可在 600mm 左右高度再增设一道扶手。室外不低于 1100mm，栏杆之间的净距不大于 110mm。

楼梯的净空高度应满足人流通行和家具搬运的方便，一般楼梯段净高宜大于 2200mm；平台梁下净高不小于 2000mm。

（四）楼梯设计注意要点

公共建筑中楼梯分为主楼梯和辅助楼梯两大类。主楼梯应布置在入口较为明显，人流集中的交通枢纽地；具有醒目、美化环境、合理利用空间等特点。辅助楼梯应设置在不明显但宜寻找的位置，主要起疏散人流的作用。

住宅空间中楼梯的位置往往明显但不宜突出，一般设于室内靠墙处，或公共部位与过道的衔接处，使人能一眼就看见，又不过于张扬。但在别墅或高级住宅中，楼梯的设置越来越多样化、个性化，不拘于传统，通常位置显眼以充分展示楼梯的魅力，成为住宅空间中重要的构图因素之一。

参考文献

[1] 梁旻,胡筱蕾 . 室内设计原理 [M]. 上海：上海人民美术出版社,2013

[2] 马澜 . 室内设计 [M]. 北京：清华大学出版社,2012

[3] 陈岩 . 室内设计 [M]. 北京：中国水利水电出版社,2014

[4] 张琦曼 . 室内设计的风格样式与流派 [M]. 北京：中国建筑工业出版社,2006

[5][英] 文尼 · 李著；周瑞婷译 . 室内设计 10 原则 [M]. 济南：山东画报出版社,2013

[6][英] 吉布斯著；吴训路译 . 室内设计教程（第 2 版）[M]. 北京：电子工业出版社,2011

[7] 文健 . 室内设计 [M]. 北京：北京大学出版社,2010

[8] 李强 . 室内设计基础 [M]. 北京：化学工业出版社,2010

[9] 郑曙旸 . 环境艺术设计 [M]. 北京：中国建筑工业出版社,2007

[10] 郑曙旸 . 室内设计 · 思维与方法 [M]. 北京：中国建筑工业出版社,2003

[11] 郑曙旸 . 室内设计程序 [M]. 北京：中国建筑工业出版社,2005

[12] 易西多,陈汗青 . 室内设计原理 [M]. 武汉：华中科技大学出版社,2008

[13] 郝大鹏 . 室内设计方法 [M]. 重庆：西南师范大学出版社,2000

[14][美] 坎德西 · 奥德 · 曼罗著；周忠德译 . 地面处理 [M].

上海：上海远东出版社；上海外文出版社，1998

[15] 齐伟民. 室内设计发展史 [M]. 合肥：安徽科学技术出版社，2004

[16] 汤重熹. 室内设计 [M]. 北京：高等教育出版社，2003

[17] 潘吾华. 室内陈设艺术设计 [M]. 北京：中国建筑工业出版社，2006

[18] 朱钟炎，王耀仁，王邦雄. 室内环境设计原理 [M]. 上海：同济大学出版社，2003

[19][美] 保罗·拉索著；周文正译. 建筑表现手册 [M]. 北京：中国建筑工业出版社，2001

[20][美] 史坦利·亚伯克隆比著；赵梦琳译. 室内设计哲学 [M]. 天津：天津大学出版社，2009

[21][美] 菲莉丝·斯隆·艾伦，[美] 琳恩·M. 琼斯，[美] 米丽亚姆·F. 斯廷普森著；胡剑虹等译. 室内设计概论（第 1 版）[M]. 北京：中国林业出版社，2010

[22] 高钰. 室内设计风格图文速查（第 1 版）[M]. 北京：机械工业出版社，2010

[23] 陈易. 室内设计原理 [M]. 北京：中国建筑工业出版社，2006

[24] 王勇. 室内装饰材料与应用（第 2 版）[M]. 北京：中国电力出版社，2012

[25] 吴昊. 环境艺术设计 [M]. 长沙：湖南美术出版社，2004

[26] 董万里，段洪波，包青林. 环境艺术设计原理（第 3 版）[M]. 重庆：重庆大学出版社，2010

[27] 高嵬，刘树老. 室内设计 [M]. 上海：华东大学出版社，2010

[28] 邱晓葵. 室内设计（第 2 版）[M]. 北京：高等教育出版社，2008

[29] 胡海燕. 建筑室内设计——思维、设计与制图 [M]. 北京：化学工业出版社，2009

[30] 安晓波，王晓芬．艺术设计造型基础 [M]. 北京：化学工业出版社，2006

[31] 张志刚．家具与室内装饰材料 [M]. 北京：中国林业出版社，2002

[32] 盖永成．室内设计思维创意 [M]. 北京：机械工业出版社，2011